建设监理从业人员必读

中元方工程咨询有限公司　组织编写

中国建筑工业出版社

图书在版编目（CIP）数据

建设监理从业人员必读 / 中元方工程咨询有限公司
组织编写 . —北京：中国建筑工业出版社，2021.6（2022.7 重印）
　ISBN 978-7-112-26243-4

　Ⅰ . ①建… 　Ⅱ . ①中… 　Ⅲ . ①建筑工程—监理工作
Ⅳ . ①TU712.2

　中国版本图书馆 CIP 数据核字（2021）第 114576 号

责任编辑：宋　凯　张智芊
责任校对：张惠雯

建设监理从业人员必读
中元方工程咨询有限公司　组织编写
*
中国建筑工业出版社出版、发行（北京海淀三里河路 9 号）
各地新华书店、建筑书店经销
逸品书装设计制版
北京中科印刷有限公司印刷
*
开本：787 毫米 ×1092 毫米　1/16　印张：18½　字数：348 千字
2021 年 7 月第一版　　2022 年 7 月第二次印刷
定价：**65.00** 元
ISBN 978-7-112-26243-4
（37704）

《建设监理从业人员必读》
编 委 会

李　建	魏建军	张红昌	杨　军
段传银	陈　月	陈建武	顾鸿峰
张　亮	申建强	麻玉影	李　杰
陈志勇	刘占强	孟庆春	张冠乐
安红星	谢兴晋	杨少华	黄海涛

弹指间，我国建设工程监理制度从1988年开始，风风雨雨已经30多年了！

南宋唐婉有一首词，叫《钗头凤·世情薄》：

> 世情薄，人情恶，雨送黄昏花易落。
>
> 晓风干，泪痕残。
>
> 欲笺心事，独语斜阑。
>
> 难！难！难！
>
> 人成各，今非昨，病魂常似秋千索。
>
> 角声寒，夜阑珊。
>
> 怕人寻问，咽泪装欢。
>
> 瞒！瞒！瞒！

本是描写爱情的诗词，但是倒有点像我们现场监理人员的执业状况。

黄昏中下着小雨，打落片片桃花。世事艰难，现场各方关系都不太好处理，雨停了，晨风吹干了昨晚困倦的泪水。工程不能停，我还得巡视旁站，当我把巡视旁站记录写下时，心却系着工程的安全质量。哎，难啊、难啊、难啊！

我们咫尺天涯，来自不同的单位，现在安全质量责任不同过去。责任越来越大，悬吊着的心常似动荡不宁的秋千。听着工地上的各种声音，心中因安全质量而再生一层寒意。夜色已深，辗转难眠，总怕询问和检查，心中满是担心和责任。忍住泪水，强颜欢笑。如果我们每个人都能把安全质量放在心上，不出事故，我还是给平常一样微笑着面对工作和生活。哎，瞒啊、瞒啊、瞒啊！

实际上，现场监理人员确实辛苦，早出晚归，甚至旁站到深夜，真有点"满面尘灰烟火色，两鬓苍苍十指黑"。

即使如此辛苦，但是现场安全事故仍然不断频发！

为什么？

据不完全统计，在过去的2020年，建筑行业共发生安全事故184起，造成284人死亡，195人受伤，7人失踪。随机抽选100个案例中，监理单位不同职级人员被罚情况如下：监理企业、监理单位企业负责人、总监理工程师、总监理工程师代表、专业监理工程师、安全监理工程师、监理员中，总监理工程师被判刑事责任的比例40%，专业监理工程师被判刑事责任的比例23%，监理员被判刑事责任的比例16%。监理单位承担事故责任则主要有以下类别：（1）发现安全隐患未及时报告；（2）审查施工单位体系不到位；（3）施工现场监管不到位；（4）未下达监理指令文件；（5）监理履职、工作不到位。

譬如江西丰城电厂事故，根据事故调查报告，监理单位在本次事故的责任如下：

1. 对项目监理部监督管理不力。监理单位对项目监理部的人员配置不满足监理合同要求，项目监理部土建监理工程师数量不满足日常工作需要，部分新入职人员未进行监理工作业务岗前培训。公司在对项目监理部的检查工作中，未发现和纠正现场监理工作严重失职等问题。

2. 对拆模工序等风险控制点失管失控。项目监理部未按照规定细化相应监理措施，未提出监理人员要对拆模工序现场见证等要求。对施工单位制定的施工方案审查不严格，未发现方案中缺少拆模工序管理措施的问题，未纠正施工单位不按施工技术标准施工，在拆模前不进行混凝土试块强度检测。

3. 现场监理工作严重失职。项目监理部未针对施工进度调整加强现场监理工作，未督促施工单位采取有效措施强化现场安全管理。现场巡检不力，对垂直交叉作业问题未进行有效监督并督促整改，未按要求在浇筑混凝土时旁站，对施工单位项目经理长期不在岗的问题监理不到位。对土建监理工程师管理不严格，放任其在职责范围以外标段的《见证取样委托书》上签字，安排未经过岗前监理业务培训人员独立开展旁站及见证等监理工作。

上述三方面的责任，也基本概括和总结了现场监理人员履职大致情况，归根结底还是发现和处理安全事故隐患能力问题不足。现场建设安全责任事故主要集中在以下内容：模板支架坍塌；高处坠落；土方、基坑坍塌；脚手架坍塌；质量事故；起重伤害；爆炸；中毒和窒息；施工升降机伤害；物体打击；吊篮倾覆事故；火灾；触电；卸料平台坍塌；其他伤害。

操千曲而后晓声，观千剑而后识器。

2021年4月27日，深圳市应急管理局公布了一份《深圳市×××有限公司"2·8"机械伤害死亡事故调查报告》。这份调查报告着实令人兴奋和欣慰，各参建单位已履行了安全管理职责，均未受到处罚！

这份调查报告真的可以当教科书了！

下面我们来看看监理单位在安全工作中如何履职？供大家学习参考。

该项目监理单位（深圳市×××有限公司）安全管理情况：

1. 制定了项目监理部安全管理岗位职责，监理人员具有相关执业资格；

2. 制定了监理规划、监理实施细则；

3. 建立了监理例会、监理周报制度；

4. 定期组织现场安全周检查，并组织安全总结会；

5. 对旋挖机操作人员资格证进行检查；

6. 2021年1月3日，审批了《×××建设工程（地基与基础）施工方案》。

经调查，监理单位深圳市×××有限公司制定了项目监理部安全管理岗位职责，监理人员具有相关执业资格；制定了监理规划、监理实施细则，并严格按照监理实施细则的要求进行旁站和检查；建立了监理例会、监理周报制度；定期组织现场安全周检查，并组织安全总结会；按照《施工方案》要求施工单位落实旋挖钻机的防护措施，已履行了监理安全管理职责，建议不予处罚。

这个调查报告，值得我们每一位监理从业人员好好研读，对照自己的履职，仔细思考哪些做到位，哪些没有做到位？

我也曾到一线监理现场做深入调查，发现部分现场监理人员专业知识匮乏，对规范不熟悉。不清楚哪些是错误做法？正确做法是什么？发现不了现场存在的安全隐患。有的甚至不知道监理例会应该由谁来主持、要哪些单位参加、要沟通哪些内容，更有甚者，现场监理人员到现场验收不知道要验收哪些内容，哪些是主控项目，哪些是一般项目，比如现场验筋，有的人简单现场随便一看，见绑扎了就算验收通过。根本不知道去看钢筋的规格对不对、制作尺寸对不对、绑扎间距和数量符不符合要求、锚固长度符不符合规范要求。

这就是目前部分一线现场监理人员的通病，大致知道要去做什么，具体要把握哪些验收指标又很含糊。很大一部分事故就是现场监理人员不能及时发现并制止施工单位的违规违章作业行为，发现不了现场存在的安全隐患，结果导致安全隐患长期存在，逐渐积累直至发生安全事故，造成无法挽回的损失，最后后悔莫及。

千丈之堤，以蝼蚁之穴溃；百尺之室，以突隙之烟焚。

如果这本书，能提高一位现场监理人员发现问题、解决问题的能力，能消除一次安全事故隐患，能规避一次安全事故的发生，这就是本书的价值所在！

周口市建设监理与咨询行业协会　会　长
中元方工程咨询有限公司　董事长　张存钦

2021年7月1日

序
言

第3章　工程投资控制 / 075

第1章　工程建设监理基础工作

1.1 项目监理机构组建及人员配置

1.1.1 基本规定

（1）工程监理单位实施监理时，应在施工现场派驻项目监理机构。项目监理机构的组织形式和规模可根据建设工程监理合同约定的服务内容、服务期限以及工程特点、规模、技术复杂程度、环境和监理服务费用等因素确定。

（2）工程监理单位应定期或不定期对项目监理机构履行法律法规、标准规范和建设监理合同等情况进行督促，运用信息技术手段，构建技术、经济、法务、管理等支撑系统，确保项目监理机构合同管理、信息管理和监理成果资料管理等工作质量。

（3）项目监理机构的监理人员应遵循适用、精简、高效的原则，由总监理工程师、专业监理工程师和监理员组成，且专业配套、监理人员数量应满足建设工程监理工作需要，必要时可设总监理工程师代表。

（4）总监理工程师作为项目监理机构负责人，按照相关规定，不得将监理工作中不能委托的职责委托给总监理工程师代表；专业监理工程师、监理员应严格按照监理规范中所明确的基本职责内容履行职责。

（5）工程监理单位调换总监理工程师时，应征得建设单位书面同意；调换专业监理工程师时，总监理工程师应书面通知建设单位。

（6）一名注册监理工程师可担任一项建设工程监理合同的总监理工程师，当需要同时在同一区域担任多项建设工程监理合同的总监理工程师时，应征得建设单位同意，且最多不得超过三项。在总监理工程师兼职情况下，项目监理机构应设总监理工程师代表。

（7）工程监理单位应保证监理工作质量、有效履行监理职责，在施工高峰期项目监理机构应配备的基本人数。工程监理单位宜根据项目的特点、建筑物功能与布局、工作与交通条件、地区差异、合同约定、主管部门及建设单位对监理工作的要求等实际情况配备项目监理人员。

（8）工程监理单位不得以低于成本价的手段牟取中标，而后通过减少监理人员数量、降低监理人员素质等方式，影响监理工作的正常开展。

（9）工程监理单位应针对工程的专业特点、技术复杂程度、项目所在地域等因素，通过协商方式与建设单位确定监理服务酬金，服务酬金应满足建设单位对项目监理机构人员配置岗位、人数、专业能力、服务效果等要求，确保项目监理机构人员能有效履行监理规范所规定的基本职责。

1.1.2 人员配置

工程监理单位应结合工程特点，根据建设项目的建设规模、建设投资、建设工期、服务费用、不同施工阶段高峰期工作强度等进行项目机构人员配置。

1. 住宅工程

工程监理单位应根据建设项目基础、主体结构形式、不同施工阶段、监理工作具体内容和范围等，可参照中国建设监理协会发布的《房屋建筑工程监理工作标准（试行）》表1-1，科学合理、有效均衡地设置项目监理机构岗位，配置相应人员数量。

住宅工程项目监理机构人员配置表
表1-1

总建筑面积（M：平方米）		各岗位人员配置数量（人）			
区间值		总监理工程师	专业监理工程师	监理员	合计
$M \leq 60000$	单栋	（1）	1	0～1	2～3
	多栋	（1）	1	0～2	2～4
$60000 < M \leq 120000$		（1）	1～2	2～3	4～6
$120000 < M \leq 200000$		1	2～3	3～5	6～9
$200000 < M \leq 300000$		1	3～6	5～8	9～15
$300000 < M \leq 500000$		1	6～9	8～12	15～22
$500000 < M \leq 800000$		1	9～12	12～16	22～29
$800000 < M$		建筑面积每增加3万 m^2，需增加专业监理工程师1名，增加监理员1名			

2. 一般公共建筑工程

（1）一般公共建筑是指在使用上具备公共开放性、功能多样性、人流交通流动性、建筑结构复杂性、建筑风格时代性等特点的单体或群体建筑。

（2）工程监理单位可参照中国建设监理协会发布的《房屋建筑工程监理工作标准（试行）》表1-2所列工程预算投资额配置项目监机构人员数量时，应充分考虑一般公共建筑建设标准高、专业种类多、建设周期长、社会影响大、公众普遍关注等特点。

一般公共建筑工程项目监理机构人员配置表 表1-2

工程概算投资额（N:万元）	各岗位人员配置数量（人）			
区间值	总监理工程师	专业监理工程师	监理员	合计
$N \leqslant 3000$	（1）	1	0～1	2～3
$3000 < N \leqslant 5000$	（1）	1	1～2	3～4
$5000 < N \leqslant 10000$	（1）	1～2	2～3	4～6
$10000 < N \leqslant 30000$	（1）	2～3	3～4	6～8
$30000 < N \leqslant 60000$	1	3～5	4～5	8～11
$60000 < N \leqslant 100000$	1	5～6	5～9	11～16
$100000 < N$	工程概算投资额每增加1.5亿，增加专业监理工程师1名，增加监理员1名			

3. 一般公共建筑工程

一般公共建筑工程是指一般状态下生产的单层和多层工业厂房建筑，以及仓储类建筑。单层工业厂房建筑一般包括机械、冶金、纺织、化工等行业厂房；多层工厂房建筑一般是指为轻工、电子、仪表、通信、医药等生产和配套服务项目。一般公共建筑工程人员配置可参照中国建设监理协会发布的《房屋建筑工程监理工作标准（试行）》（表1-3）。

一般公共建筑工程项目监理机构人员配置表 表1-3

工程概算投资额（N:万元）	岗位人员配置数量（人）			
区间值	总监理工程师	专业监理工程师	监理员	合计
$N \leqslant 3000$	（1）	1	0～1	2～3
$3000 < N \leqslant 5000$	（1）	1	1～2	3～4
$5000 < N \leqslant 10000$	（1）	1～2	2～3	4～6
$10000 < N \leqslant 30000$	（1）	2～3	3	6～7
$30000 < N \leqslant 60000$	1	3～4	3～5	7～10
$60000 < N \leqslant 100000$	1	4～6	5～8	10～15
$100000 < N$	工程概算投资额每增加2亿，增加专业监理工程师1名，增加监理员1名			

1.2 监理人员职责

1.2.1 总监理工程师应履行的职责

（1）确定项目监理机构人员及其岗位职责；

（2）组织编制监理规划，审批监理实施细则；

（3）根据工程进展情况安排监理人员进场，检查监理人员工作，调换不称职监理人员；

（4）组织召开监理例会；

（5）组织审核分包单位资格；

（6）组织审查施工组织设计、（专项）施工方案；

（7）审查工程开复工报审表，签发工程开工令、暂停令和复工令；

（8）组织检查施工单位现场质量、安全生产管理体系的建立及运行情况；

（9）组织审核施工单位的付款申请，签发工程款支付证书，组织审核竣工结算；

（10）组织审查和处理工程变更；

（11）调解建设单位与施工单位的合同争议，处理工程索赔；

（12）组织验收分部工程，组织审查单位工程质量检验资料；

（13）审查施工单位的竣工申请，组织工程竣工预验收，组织编写工程质量评估报告，参与工程竣工验收；

（14）参与或配合工程质量安全事故的调查和处理；

（15）组织编写监理月报、监理工作总结，组织整理监理文件资料。

1.2.2 总监理工程师不得将下列工作委托给总监理工程师代表

（1）组织编制监理规划，审批监理实施细则；

（2）根据工程进展及监理工作情况调配监理人员；

（3）组织审查施工组织设计、（专项）施工方案；

（4）签发工程开工令、暂停令和复工令；

（5）签发工程款支付证书，组织审核竣工结算；

（6）调解建设单位与施工单位的合同争议，处理工程索赔；

（7）审查施工单位的竣工申请，组织工程竣工预验收，组织编写工程质量评估报告，参与工程竣工验收；

（8）参与或配合工程质量安全事故的调查和处理。

1.2.3 专业监理工程师应履行下列职责

（1）参与编制监理规划，负责编制监理实施细则；

（2）审查施工单位提交的涉及本专业的报审文件，并向总监理工程师报告；

（3）参与审核分包单位资格；

（4）指导、检查监理员工作，定期向总监理工程师报告本专业监理工作实施情况；

（5）检查进场的工程材料、设备、构配件的质量；

（6）验收检验批、隐蔽工程、分项工程；

（7）处置发现的质量问题和安全事故隐患；

（8）进行工程计量；

（9）参与工程变更的审查和处理；

（10）填写监理日志，参与编写监理月报；

（11）收集、汇总、参与整理监理文件资料；

（12）参与工程竣工预验收和竣工验收。

1.2.4 监理员应履行下列职责

（1）检查施工单位投入工程的人力、主要设备的使用及运行状况；

（2）进行见证取样；

（3）复核工程计量有关数据；

（4）检查工序施工结果；

（5）发现施工作业中的问题，及时指出并向专业监理工程师报告。

1.3 监理工作程序及监理工作主要内容

1.3.1 监理工作程序

（1）施工单位进场后，须向项目监理部上报施工组织设计及施工技术措施，报送施工单位项目部的负责人，工程技术管理人员名单（包括：姓名、年龄、任职、职称、资质）以及特殊作业人员名单（附：岗位证书），并申请开工报告；

（2）施工所用各类材料与设备，均需向监理部报送样品、材料证明、实验报告和有关技术资料，进场的抽验、复验必须由监理见证取样，经项目监理部审核批准后方可使用；

（3）监理工程师对每道工序的操作及质量进行巡视、旁站、平行检验等监理工作，施工单位必须在每道工序操作前进行施工技术交底，于每一道工序完成后进行质量自检、互检、交接检并进行报验，将自检资料及测试资料送交监理工程师，经监理工程师签认后方可进行下道工序施工；

（4）隐蔽工程完成后，施工单位应在认真自检合格的基础上，提前24小时书面通知项目监理部，并将隐蔽自检资料送交监理工程师审验；

（5）施工单位应及时向监理工程师报送分部、分项工程质量自检资料和试验、检测、调试报告；

（6）现场出现质量事故后，施工单位应及时报告监理工程师，并严格按照共同商定的方案进行处理，任何质量缺陷不得隐瞒监理工程师，自行处理；

（7）监理工程师具有事前介入权、事中检查权、事后验收权、质量认证和否决权，以及经济签认权；

（8）施工单位应遵守执行监理工程师的指令，如有异议时，应提出书面申述，否则监理工程师可以不认可该部分工作量；

（9）每月完成工作量及工程进度款的申报须按合同规定的时间进行，逾期不进行申报的，监理工程师不再受理，监理工程师收到报告后，七日内完成复算工作，总监理工程师签认后报业主审核并支付工程款；

（10）现场出现安全事故，施工单位应按规定上报，监理工程师接到报告后应协助施工单位做好事故的处理工作；

（11）施工单位工程全部完工后，经过认真自检，认为符合交工条件时，可向项目监理部提交验收申请，经项目监理部复验认可后，转业主组织竣工验收；

（12）施工单位申请竣工验收前七天，应将竣工验收技术资料交监理工程师审查，竣工验收合格后，并向监理工程师报送完整的竣工结算资料进行审核。

1.3.2 监理工作主要内容

《建设工程监理规范》GB/T 50319—2013规定："项目监理机构应根据建设工程监理合同约定，遵循动态控制原理，坚持预防为主的原则，制定和实施相应的监理措施，采用旁站、巡视和平行检验等方式对建设工程实施监理。"

（1）项目监理机构监理人员应熟悉工程设计文件，并参加建设单位主持的图纸会审和设计交底会议；

（2）工程开工前，项目监理机构监理人员应参加由建设单位主持召开的第一次工地会议；

（3）项目监理机构应定期召开监理例会，并组织有关单位研究解决与监理相关的问题。项目监理机构可根据工程需要，主持或参加专题会议，解决监理工作范围内工程专项问题；

（4）项目监理机构应协调工程建设相关方的关系；

（5）项目监理机构应审查施工单位报送的施工组织设计，并要求施工单位按已批准的施工合同方案组织设计组织施工；

（6）总监理工程师应组织专业监理工程师审查施工单位报送的开工报审表及相关资料，报建设单位批准后，总监理工程师签发工程开工令；

（7）分包工程开工前，项目监理机构应审核施工单位报送的分包单位资格报审表；

（8）项目监理机构宜根据工程特点、施工合同、工程设计文件及经过批准的施工组织设计对工程风险进行分析，并提出工程质量、造价、进度目标控制及安全生产管理的防范性对策。

1.4 监理设施

监理设施的定义

监理设施是指监理人员进行各项检验、测试所必需的设备和仪器，以及监理人员开展工作所需要的工作条件和手段。监理设施主要包括以下内容：

（1）监理工程师办公用房及其办公设施；

（2）试验室及试验设备；

（3）通信设备；

（4）测量设备；

（5）交通运输车辆；

（6）监理人员的宿舍。

1.5 监理规划

1.5.1 监理规划编制的程序

（1）监理规划应在签订委托监理合同及收到设计文件后开始编制，完成后必须经监理单位技术负责人审核批准，并应在召开第一次工地会议前报送建设单位；

（2）监理规划应由总监理工程师主持，专业监理工程师参加编制；

（3）在监理工作实施过程中，如实际情况或条件发生变化而需要调整监理规划时，应由总监理工程师组织专业监理工程师修改，并应经工程监理单位技术负责人批准后报建设单位。

1.5.2 编制依据

（1）建设工程的相关法律及项目审批文件；

（2）与建设工程项目有关的标准、设计文件、技术资料；

（3）监理大纲；

（4）委托监理合同文件；

（5）建设工程项目相关的合同文件。

1.5.3 监理规划主要内容

（1）工程概况；

（2）监理工作范围、内容、目标；

（3）监理工作依据；

（4）监理组织形式、人员配备及进退场计划、监理人员岗位职责；

（5）监理工作制度：

1）图纸会审制度；

2）施工组织设计审核制度；

3）开工报告审批制度；

4）材料、构件检验及复核制度；

5）隐蔽工程、分部分项工程质量验收制度；

6）工程质量监理制度；

7）工程质量事故处理制度；

8）工程质量检验制度；

9）施工进度督促报告制度；

10）工程造价督促制度；

11）监理报告制度；

12）工程竣工验收制度；

13）现场协调会制度；

14）备忘录签发制度；

15）工程款签审制度；

16）索赔签审制度。

（6）工程质量控制：

1）工程质量控制的原则；

2）工程质量控制的基本程序；

3）工程质量控制方法；

4）工程质量事前预控措施；

5）施工过程中的质量控制措施；

6）工程质量事后把关控制；

7）工程质量事故处理。

（7）工程造价控制：

1）工程造价控制的依据；

2）工程造价控制的原则；

3）工程造价控制基本程序；

4）工程造价的控制方法。

（8）工程进度控制：

1）工程进度控制的原则；

2）工程进度控制的基本程序；

3）工程进度的组织措施；

4）工程进度控制的技术措施。

（9）安全生产管理的监理工作：

1）安全监理目标；

2）安全监理范围；

3）安全监理组织机构；

4）安全监理工作内容；

5）安全监理程序；

6）安全监理措施。

（10）合同与信息管理：

1）管理的原则和内容；

2）管理的基本程序。

（11）组织协调：

1）监理协调工作的内容；

2）监理协调工作的原则；

3）监理协调工作的措施。

（12）监理工作设施。

1.6 监理实施细则

1.6.1 编制程序

（1）监理实施细则是在监理规划指导下，在落实各专业的监理人员后，由专业监理工程师针对项目的具体情况制定更具有实施性和可操作性的业务文件。它起着指导监理业务开展的作用。对中型及中型以上项目或者专业性较强、危险性较大的工程项目，项目监理机构应编制工程建设监理实施细则。

（2）根据《建设工程监理规范》GB/T 50319—2013规定："对于建设工程的新

建、扩建、改建监理与相关服务活动，监理实施细则应在相应工程施工开始前由专业监理工程师编制，并报总监理工程师审批。"

1.6.2 编制依据

（1）已批准的工程建设监理规划；
（2）相关的专业工程的标准、设计文件和有关的技术资料；
（3）施工组织设计、（专项）施工方案。

1.6.3 编制内容

（1）工程概况；
（2）监理依据；
（3）监理工作范围及工作目标；
（4）监理工作内容；
（5）监理工作流程；
（6）监理工作的控制要点及目标：
1）督促施工单位建立健全安全生产管理制度、责任制度及安全技术操作规程；
2）审查施工单位的专项方案；
3）审核施工单位的管理人员及特殊工种作业人员的资格；
4）核查特种设备的验收手续；
5）安全检查。
（7）监理工作的方法及措施；
（8）安全质量隐患及事故的处理程序；
（9）监理工作制度：
1）图纸会审制度；
2）施工组织设计审核制度；
3）开工报告审批制度；
4）材料、构件检验及复核制度；
5）隐蔽工程、分部分项工程质量验收制度；
6）工程质量监理制度；
7）工程质量事故处理制度；
8）工程质量检验制度；
9）施工进度督促报告制度；
10）工程造价督促制度；

11）监理报告制度；

12）工程竣工验收制度；

13）现场协调会制度；

14）备忘录签发制度；

15）工程款签审制度；

16）索赔签审制度。

（10）监理资料：

1）勘察设计文件、建设工程监理合同及其他合同文件；

2）监理规划、监理实施细则；

3）设计交底和图纸会审会议纪要；

4）施工组织设计、（专项）施工方案、施工进度计划报审文件资料；

5）分包单位资格报审文件资料；

6）施工控制测量成果报验文件资料；

7）总监理工程师任命书，工程开工令、暂停令、复工令，工程开工或复工报审文件资料；

8）工程材料、构配件、设备报验文件资料；

9）见证取样和平行检验文件资料；

10）工程质量检查报验资料及工程有关验收资料；

11）工程变更、费用索赔及工程延期文件资料；

12）工程计量、工程款支付文件资料；

13）监理通知单、工作联系单与监理报告；

14）第一次工地会议、监理例会、专题会议等会议纪要；

15）监理月报、监理日志、旁站记录；

16）工程质量或生产安全事故处理文件资料；

17）工程质量评估报告及竣工验收监理文件资料；

18）监理工作总结。

1.7 开工前审查工作及开工令的签发

1.7.1 施工组织设计审查基本内容

（1）编审程序应符合相关规定；

（2）工程质量保证施工进度、施工方案及工程质量保证措施应符合施工合同要求；

（3）资源（资金、劳动力、材料、设备）供应计划应满足工程施工要求；

（4）安全技术措施应符合建设强制性标准；

（5）施工总平面图应科学合理。

1.7.2 施工方案审查基本内容

（1）编审程序应符合相关规定；

（2）工程质量保证措施应符合有关标准。

1.7.3 专项施工方案审查基本内容

（1）编审程序应符合相关规定；

（2）安全技术措施应符合工程建设强制性标准。

1.7.4 分包单位审查的基本内容

（1）营业执照、企业资质等级证书；

（2）安全生产许可文件；

（3）类似工程业绩；

（4）专职管理人员和特种作业操作人员的资格。

1.7.5 施工控制测量及保护措施、签署意见检查、复核内容

（1）施工单位测量人员的资格证书及测量设备检定证书；

（2）施工平面控制网、高程控制网和临时水准点测量成果及控制桩保护措施。

1.7.6 施工单位试验室审查基本内容

（1）试验室的资质等级及试验范围；

（2）法定计量部门对试验设备出具计量检定证明；

（3）试验室管理制度；

（4）试验人员资格证书。

1.7.7 审查施工单位报送的工程材料、设备、构配件的质量证明文件

应按照有关规定和工程监理合同约定，对工程材料进行见证取样，平行检验，对已进场经检验不合格的工程材料、设备、构配件、项目监理机构应要求施工单位限期将其撤出施工现场。项目监理机构应坚持施工单位现场安全生产规章制度的建立和落实情况，检查施工单位安全生产许可证及施工单位项目经理资格

证书，专职安全生产管理人员上岗和特种作业人员操作证书，检查施工机械和设施安全许可验收手续，定期巡视危险性较大分部分项工程施工作业情况。

1.7.8 签发工程开工令的条件

总监理工程师应组织专业监理工程师审查施工单位报送的工程开工报审表及相关资料。同时具备下列条件时，应由总监理工程师签署审核意见，并应报建设单位批准后，总监理工程师签发工程开工令：

（1）设计交底和图纸会审已完成；

（2）施工组织设计已由总监理工程师签认；

（3）施工单位现场质量、安全生产管理体系已建立，管理及施工人员已到位，施工机械具备使用条件，主要工程材料已落实；

（4）进场道路及水、电、通信等已满足开工要求。

1.8 第一次工地会议及纪要

第一次工地会议是建设工程尚未全面展开、总监理工程师下达开工令前，建设单位、工程监理单位和施工单位对各自人员及分工、开工准备、监理例会的要求等情况进行沟通和协调的会议，也是检查开工前各项准备工作是否就绪并明确监理程序的会议。

第一次工地会议应由建设单位主持，监理单位、总承包单位授权代表参加，也可邀请分包单位代表参加，必要时可邀请有关设计单位人员参加。第一次工地会议上，总监理工程师应介绍监理工作的目标、范围和内容、项目监理机构及人员职责分工、监理工作程序、方法和措施等。

1.8.1 主要内容

现行《建设工程监理规范》GB/T 50319—2013对第一次工地会议的主要内容做了规定，主要内容如下：

（1）业主、承包商和监理单位分别介绍各自入驻现场的组织机构、人员及其分工，就有关细节作出说明，并以书面文件提交给各方；

（2）业主根据委托监理合同宣布对总监理工程师的授权，并委以授权书；

（3）业主代表应就工程占地、临时用地、临时道路、征地拆迁及其他与开工条件有关的问题予以说明；

（4）承包商介绍施工准备情况时的主要陈述内容如下：

1）主要施工人员的进场情况，并提交进场人员名单及进场计划；

2）材料、机械、仪器和设施的进场情况，并提交进场计划和清单；

3）施工驻地及临时工程建设进展情况，并提交临时工程计划和平面布置图；

4）施工测量、工地实验室的准备及进展情况；

5）其他与开工条件有关的内容与事项等。

（5）总监理工程师评述

1）总监理工程师应根据批准的或正在审批的施工进度计划，说明施工进度计划可于何日批准或哪些分项已获批准。根据已获批准或将要批准的施工进度计划，说明承包商何时可以开始哪些施工，有无其他条件限制；

2）对承包商介绍的施工准备情况逐项予以澄清、检查和评述，提出意见和要求；

3）对业主的施工准备情况提出建议或要求。

（6）总监理工程师介绍监理规划的主要内容，应有明确具体的符合该项目要求的工作内容、工作方法、监理措施、工作程序和工作制度、试验检测仪器及设备等；

（7）研究确定各方在施工过程中参加工地例会的主要人员以及召开工地例会周期、地点及主要议题。

1.8.2 会议准备

（1）建设单位应准备的内容：

1）建设单位介绍派驻工地的代表名单及建设单位的组织机构；

2）建设单位应介绍工程占地、临时用地、临时道路、拆迁以及其他与开工有关的条件说明；

3）介绍施工许可证、执照的办理情况；

4）介绍资金筹措情况；

5）说明施工图纸到位及图纸交底与会审的时间安排。

（2）项目监理机构应准备的内容：

1）现场监理组织的机构框图及各专业监理工程师、监理员名单及职责范围；

2）准备监理工作的例行程序及有关表式说明；

3）质量控制的主要程序、表格及说明；

4）进度控制的主要程序、图表及说明；

5）计量支付的主要程序、报表上报统计时间；

6）工程质量事故及安全事故的报告程序、报表及说明；

7）工程变更的主要程序、报表及说明；

8）延期与索赔的主要程序、报表及说明；

9）确定总监理工程师、施工单位之间往来信件、文件和报表等公文的手续、格式及说明；

10）确定工地例会召开的时间、地点和参加人员等。

（3）施工单位应准备的内容：

1）介绍主要施工人员，包括项目经理、项目技术负责人、质检员、安全员和造价员等，提交人员的进场计划及名单，以及各种技术工人和劳动力进场计划表；

2）说明用于工程的各种外购材料、构件和设备是否已订货，何时进场，提出进场计划及清单；

3）说明用于工程的本地材料、机械的来源是否落实，提交材料来源分布图及供料计划清单；

4）介绍各种临时设备的准备情况，并提交驻地及临时工程建设计划分布和布置图及时间安排；

5）介绍试验室的建立或委托试验室的资质、地点情况；

6）说明其工程保险、第三者保险和意外事故保险等落实情况，并提交有关一般手续的副本；

7）汇报对现场自然条件、图纸、水准基点及主要控制点的测量复核情况，以及能否保证正常施工；

8）介绍施工组织总设计及施工进度计划；

9）说明与开工有关的其他事项。

1.8.3 会议作用

第一次工地会议的主要作用在于以下三个方面：

（1）相互认识，相互沟通。参加工程建设的各方，通过第一次工地会议分别介绍各自驻现场的项目组织机构、人员及其分工以及通信方式等，以便增强了解，相互配合与沟通。

（2）委托授权，明确职责；

（3）检查落实开工准备。

1.8.4 会议纪要

第一次工地会议纪要应由项目监理机构根据会议记录整理、起草，经建设单位审核，与会各方代表会签后发至各有关单位。会议记录应有固定的模式，由记录人签名，记录仅对建设单位、施工单位和监理工程师起约束作用。会议中决定执行的有关问题，仍应按规定的程序办理必要的手续。

为了做好开工前的各项准备工作，必要时可在第一次工地会议前召开第一次工地会议预备会议，部署和落实开工前各项准备工作。该预备会议的具体时间可以由建设单位确定。

1.9 监理例会、专题会议及纪要

1.9.1 监理例会

监理例会是项目监理机构定期组织有关单位研究解决与监理相关问题的会议。监理例会应由总监理工程师或其授权的专业监理工程师主持召开，宜每周召开一次。参加人员包括：项目总监理工程师或总监理工程师代表、其他有关监理人员、施工项目经理、施工单位其他有关人员。需要时，也可邀请其他有关单位代表参加。

监理例会主要内容应包括：

（1）检查上次例会议定事项的落实情况，分析未完事项原因；

（2）检查分析工程进度计划完成情况，提出下一阶段进度目标及其落实措施；

（3）检查分析工程质量、施工安全管理状况，针对存在的问题提出改进措施；

（4）检查工程量核定及工程款支付情况；

（5）解决需要协调的有关事项；

（6）其他有关事宜。

1.9.2 会议纪要整理

会议纪要由项目监理机构根据会议记录整理，主要内容包括：

（1）会议地点及时间；

（2）会议主持人；

（3）与会人员姓名、单位、职务；

（4）会议主要内容、决议事项及其负责落实单位、负责人和时限要求；

（5）其他事项。

对于监理例会上意见不一致的重大问题，应将各方的主要观点，特别是相互对立的意见记入"其他事项"中。会议纪要的内容应真实准确，简明扼要，经总监理工程师审阅，与会各方代表会签，发至有关各方并应有签收手续。

1.9.3 专题会议

专题会议是由总监理工程师或其授权的专业监理工程师主持或参加的，为解决工程监理过程中的工程专项问题而不定期召开的会议。

1.10 监理月报

监理月报应包括的主要内容

监理月报是项目监理机构每月向建设单位和本监理单位提交的建设工程监理工作及建设工程实施情况等分析总结报告。监理月报既要反映建设工程监理工作及建设工程实况，也能确保建设工程监理工作可追溯。监理月报由总监理工程师组织编写、签认后报建设单位和监理单位。报送时间由监理单位与建设单位协商确定，一般在收到施工单位报送的工程进度，汇总本月已完工程量和本月计划完成工程量的工程量表、工程款支付申请表等相关资料后，在协商确定的时间内提交。监理月报应包括以下内容：

1.本月工程实施情况

（1）工程进展情况。实际进度与计划进度的比较，施工单位人、机、料进场及使用情况，本期在施部位的工程照片等；

（2）工程质量情况。分项分部工程验收情况、工程材料、设备、构配件进场检验情况主要施工、试验情况，本月工程质量分析；

（3）施工单位安全生产管理工作评述；

（4）已完工程量与已付工程款的统计及说明。

2.本月监理工作情况

（1）工程进度控制方面的工作情况；

（2）工程质量控制方面的工作情况；

（3）安全生产管理方面的工作情况；

（4）工程计量与工程款支付方面的工作情况；

（5）合同及其他事项管理工作情况；

（6）监理工作统计及工作照片。

3.本月工程实施的主要问题分析及处理情况

（1）工程进度控制方面的主要问题分析及处理情况；

（2）工程质量控制方面的主要问题分析及处理情况；

（3）施工单位安全生产管理方面的主要问题分析及处理情况；

（4）工程计量与工程款支付方面的主要问题分析及处理情况；

（5）合同及其他事项管理方面的主要问题分析及处理情况。

4.下月监理工作重点

（1）工程管理方面的监理工作重点；

（2）项目监理机构内部管理方面的工作重点。

1.11 监理通知单

监理通知单是项目监理机构在日常监理工作中常用的指令性文件。项目监理机构在建设工程合同约定的权限范围内，针对施工单位的各种问题所发出的指令、提出的要求等，除另有规定外，均应采用《监理通知单》。监理工程师现场发出的口头指令及要求，也应采用《监理通知单》予以确认。

施工单位有下列行为时，项目监理机构应签发《监理通知单》：

（1）施工不符合设计要求、工程建设标准、合同约定；

（2）使用不合格的工程材料、构配件和设备；

（3）施工存在质量问题或采用不适当的施工工艺，或施工不当造成工程质量不合格；

（4）实际进度严重滞后于计划进度且影响合同工期；

（5）未按专项施工方案施工；

（6）存在安全事故隐患；

（7）工程质量、造价、进度等方面的其他违法违规行为。

《监理通知单》应由总监理工程师或专业监理工程师签发，对于一般问题可由专业监理工程师签发，对于重大问题应由总监理工程师或经其同意后签发。

1.12 工作联系单

该文件用于项目监理机构与工程建设有关方（包括建设、施工、监理、勘察、设计等单位和上级主管部门）之间的日常工作联系。有权签发《工作联系单》的负责人有：建设单位现场代表、施工单位项目经理、工程监理单位项目总监理工程师、设计单位本工程设计负责人及工程项目其他参建单位的相关负责人等。

1.13 监理报告及监理总结

1.13.1 监理报告

当项目监理机构发现工程存在安全事故隐患签发《监理通知单》《工程暂停令》，而施工单位拒不整改或不停止施工时，项目监理机构应及时向有关主管部门报送《监理报告》。项目监理机构报送《监理报告》时，应附相应《监理通知单》或《工程暂停令》等证明监理人员履行安全生产管理职责的相关文件资料。

紧急情况下，项目监理机构通过电话、传真或者电子邮件向有关主管部门报告的，事后应形成《监理报告》。

1.13.2 监理总结

当监理工作结束时，项目监理机构应向建设单位和工程监理单位提交监理工作总结；监理工作总结由总监理工程师组织项目监理机构监理人员编写，由总监理工程师审批，并加盖工程监理单位公章后报建设单位。

监理工作总结应包括以下内容。

1.工程概况

（1）工程名称、等级、建设地址、建设规模、结构形式以及主要设计参数；

（2）工程建设单位、设计单位、勘察单位、施工单位（包括重点的专业分包单位）、检测单位等；

（3）工程项目主要的分项、分部工程施工进度和质量情况；

（4）监理工作的难点和特点。

2.项目监理机构

监理过程中如有变动情况，应予以说明。

3.建设工程监理合同履行情况

包括监理合同目标控制情况、监理合同履行情况、监理合同纠纷的处理情况等。

4.监理工作成效

项目监理机构提出的合理化建议并被建设、设计、施工等单位采纳；发现施工中的差错，通过监理工作避免了工程质量事故、生产安全事故、累计核减工程款及为建设单位节约工程建设投资等事项的数据。

第2章　工程质量控制

2.1 工程质量

2.1.1 工程质量的概念

工程质量是指工程满足业主需要的，符合国家法律、法规、技术规范标准、设计文件及合同规定的特性综合。

工程质量间质量特性彼此之间是相互依存的。工程质量间的特性都必须达到基本的要求，缺一不可，互相依存，这包括适用、耐久、安全、可靠、节能、经济与环境的适用性。

（1）适用性，即功能，是指工程满足使用目的各种性能。

（2）耐久性，即寿命，工程竣工后的合理满足规定功能要求的使用寿命就是工程的耐久性。

（3）安全性，是指工程建成后在使用过程中保证结构安全、保证人身和环境免受危害的程度。建设工程产品的结构安全度、抗震、耐火及防火能力，人民防空的抗辐射、抗核污染、抗冲击波等能力是否能达到特定的要求，都是安全性的重要标志。

（4）可靠性，是指工程在规定的时间和规定的条件下完成规定功能的能力。

（5）经济性，是指工程从规划、勘察、设计、施工到整个产品使用寿命周期内的成本和消耗的费用。工程经济性具体表现为设计成本、施工成本、使用成本三者之和。

（6）节能性，是指工程在设计与建造过程及使用过程中满足节能减排、降低能耗的标准和有关要求的程度。

（7）与环境的协调性，是指工程与其周围生态环境协调，与所在地区经济环境协调以及与周围已建工程相协调，以适应可持续发展的要求。

2.1.2 工程质量的特点

建设工程质量的特点是由建设工程本身和建设生产的特点决定的。建设工程（产品）及其生产的特点：一是产品的固定性，生产的流动性；二是产品多样性，生产的单件性；三是产品形体庞大、高投入、生产周期长、具有风险性；四是产品的社会性，生产的外部约束性。

正是由于上述建设工程的特点而形成了工程质量本身的以下特点。

1. 影响因素多

建设工程质量受到多种因素的影响，如决策、设计、材料、机具设备、施工方法、施工工艺、技术措施、人员素质、工期、工程造价等，这些因素直接或间接地影响工程项目质量。

2. 质量波动大

由于建筑生产的单件性、流动性，不像一般工业产品的生产那样，有固定的生产流水线、有规范化的生产工艺和完善的检测技术、有成套的生产设备和稳定的生产环境，所以工程质量容易产生波动且波动大。同时由于影响工程质量的偶然性因素和系统性因素比较多，其中任一因素发生变动，都会使工程质量产生波动。

3. 质量隐蔽性

建设工程在施工过程中，分项工程交接多、中间产品多、隐蔽工程多，因此质量存在隐蔽性。若在施工中不及时进行质量检查，事后只能从表面上检查，就很难发现内在的质量问题，这样就容易产生判断错误，即将不合格品误认为合格品。

4. 终检的局限性

工程项目建成后不可能像一般工业产品那样依靠终检来判断产品质量，或将产品拆卸、解体来检查其内在质量，或对不合格零部件进行更换。而工程项目的终检（竣工验收）无法进行工程内在质量的检验，也无法发现隐蔽的质量缺陷。因此，工程项目的终检存在一定的局限性。

这就要求工程质量控制应以预防为主，防患于未然。

5. 评价方法的特殊性

工程质量的检查评定及验收是按检验批、分项工程、分部工程、单位工程进行的。检验批的质量是分项工程乃至整个工程质量检验的基础，检验批合格质量主要取决于主控项目和一般项目检验的结果。

2.2 施工质量与技术管理体系审查

项目监理机构在开工前和工程监理过程中，要对施工单位的施工质量管理体系进行审查，由专业监理工程师提出审查意见，经总监理工程师签发。

2.2.1 施工质量管理体系审查

工程开工前，项目监理机构应审查施工单位现场的质量管理组织机构、管理制度、专职管理人员及特种作业人员的资格。

（1）项目监理机构应审查项目经理部人员构成及职责，施工组织架构及人员是否满足要求和标书承诺。各级人员的职责和质量责任制是否能够落实。项目经理部的人员包括项目经理、项目副经理、技术负责人、专职质量和安全管理人员、合同预算人员、工程材料管理员、劳资管理员等；

（2）项目监理机构应审查项目经理部是否制定施工质量计划和工艺标准，内容能否符合国家和上级颁发的技术标准、规范、规程和质量管理制度；

（3）项目监理机构应审查专职管理人员和特种作业人员资格；

（4）项目监理机构应审查工程质量目标是否符合合同规定及投标承诺，依次确定本项目达到的管理目标；

（5）项目监理机构应审查质量管理制度是否完善，主要有：测量复查验收制度；原材料的进场报验制度；工序交接验收制度；隐蔽工程验收制度，施工技术交底制度；不合格的返修、分部分项工程的验收和竣工制度；工程档案资料的建立与移交制度等；

（6）项目监理机构应审查特殊施工过程中的质量保证措施是否完备。对采用的新技术、新工艺、新材料和新设备以及有技术疑难点的项目。

2.2.2 施工技术管理体系

（1）项目监理机构应审查项目经理部是否建立本项目技术管理的组织体系，其组织架构和人员配备是否满足要求。项目技术负责人的任职资格应与所承担项目的规模、技术程度及施工难度相适应。技术、质量管理人员的设置应满足工程规模、复杂程度等需要，有足够数量的技术员、专职质量检查员、资料员、试验员、放线员等。质量检查员、资料员、试验员、放线员等应具备相应资格，持证上岗。

（2）项目监理机构应审查人员岗位职责是否明确。是否明确规定了项目经理、技术负责人、质量检查员等主要职责和技术工作内容。

（3）项目监理机构应审查施工单位技术管理制度及措施是否完善，主要有：施工图纸学习和会审制度、施工组织设计管理制度、技术交底制度、材料设备检验试验制度、工程质量检查及验收制度、工程技术资料管理制度、设计变更与洽谈管理制度，还有如环境保护、计量管理、技术革新及技术组织措施计划等。

施工单位项目经理部质量保证、技术管理审查应按照《建筑工程施工质量验收统一标准》GB 50300—2013中的《施工现场质量管理检查记录》（A.0.1）统表中相关表式填写，总监理工程师进行检查，并作出检查结论。

2.3 施工组织设计（方案）及专项施工方案审查

1. 施工组织设计

施工组织设计是指导施工单位进行施工的操作性文件。项目监理机构应审查施工单位报审的施工组织设计，符合要求时，应由总监理工程师签认后报建设单位，并应要求施工单位按已批准的施工组织设计组织施工。施工组织设计需要调整时，项目监理机构应按程序重新审查。

2. 项目监理机构审查的内容

（1）编审程序应符合相关规定；

（2）施工进度、施工方案及工程质量保证措施应符合施工合同要求；

（3）资金、劳动力、材料、设备等资源供应计划应满足工程施工需要；

（4）安全技术措施应符合工程建设强制性标准；

（5）施工总平面布置应科学合理。

3. 审查施工组织设计控制要点

（1）受理施工组织设计，施工组织设计的审查必须是在施工单位编审手续齐全（即有编制人、施工单位技术负责人的签名和施工单位公章）的基础上，由施工单位填写施工组织设计报审表并按合同约定时间报送项目监理机构。

（2）总监理工程师应在约定的时间内，组织各专业监理工程师进行审查，专业监理工程师在报审表上签署审查意见后，总监理工程师审核批准。需要施工单位修改施工组织设计时，由总监理工程师在报审表上签署意见，发回施工单位修改，施工单位修改后重新报审，总监理工程师应组织审查。

（3）施工组织设计应符合国家的技术要求，充分考虑施工合同约定的条件、施工现场条件及法律法规的要求；施工组织设计应针对工程的特点、难点及施工条件，具有可操作性，质量措施切实能保证工程质量目标，采用的技术方案和措施先进、适用、成熟。

（4）项目监理机构宜将审查施工单位施工组织设计的情况，特别是要求发回修改的情况及时向建设单位通报，应将已审定的施工组织设计及时报送建设单位。涉及增加工程措施费的项目，必须与建设单位协商，并征得建设单位的同意。

（5）经审查批准的施工组织设计，施工单位应认真组织实施，不得擅自改动。若需进行实质性的调整或补充，应报项目监理机构审查同意。

4. 施工方案审查

（1）施工方案审查的基本内容：

1）编审程序应符合相关规定；

2）工程质量保证措施应符合有关标准。

（2）专项施工方案审查的基本内容：

1）编审程序应符合相关规定；

2）安全技术措施应符合工程建设强制性标准。

（3）程序性审查：

应重点审查施工方案的编制人、审批人是否符合有关权限规定的要求。根据相关规定，通常情况下，施工方案应由项目技术负责人组织编制，并经施工单位技术负责人审批签字后提交项目监理机构。项目监理机构在审批施工方案时，应检查施工单位的审批程序是否完善、签章是否齐全。

5. 内容性审查

应重点审查施工方案是否具有针对性、指导性、可操作性；现场施工管理机构是否建立完善的质量保证体系，是否明确工程质量要求及目标，是否健全了质量保证体系组织机构及岗位职责、是否配备了相应的质量管理人员；是否建立了各项质量管理制度和质量管理程序等；施工质量保证措施是否符合现行的规范、标准等，特别是与工程建设强制性标准的符合性。

6. 审查的主要依据

建设工程施工合同文件及建设工程监理合同，经批准的建设工程项目文件和设计文件，相关法律、法规、规范、规程、标准图集等，以及其他工程基础资料、工程场地周边环境（含：管线）资料等。

2.4 分包单位资格审查

2.4.1 分包单位资格审核内容

营业执照、企业资质等级证书、安全生产许可文件、类似工程业绩、专职管理人员和特种作业人员的资格等。

2.4.2 专业监理工程师对报审资料的审查

专业监理工程师应在约定的时间内，对施工单位所报资料的完整性、真实性和有效性进行审查。在审查过程中需与建设单位进行有效沟通，必要时会同建设单位对施工单位选定的分包单位的情况进行实地考察和调查，核实施工单位申报材料与实际情况是否相符。

2.4.3 总监理工程师对报审资料的审查

总监理工程师对报审资料进行审核，在报审表上签署书面意见前需征求建设单位意见。如分包单位的资质材料不符合要求，施工单位应根据总监理工程师的审核意见重新报审。

2.5 测量成果检查复核

施工控制测量成果及保护措施的检查、复核内容
（1）施工单位测量人员的资格证书及测量设备检定证书；
（2）施工平面控制网、高程控制网和临时水准点的测量成果及控制桩的保护措施。

项目监理机构收到施工单位报送的施工控制测量成果报验表后，由专业监理工程师审查。专业监理工程师应审查施工单位的测量依据、测量人员资格和测量成果是否符合规范及标准要求，符合要求的，予以签认。

2.6 施工试验室检查及设备检定

2.6.1 试验室的检查内容

（1）试验室的资质等级及试验范围；
（2）法定计量部门对试验设备出具的计量检定证明；
（3）试验室管理制度；
（4）试验人员资格证书。

2.6.2 项目监理机构对试验室的相关要求

（1）项目监理机构收到施工单位报送的试验室报审表及有关资料后，总监理工程师应组织专业监理工程师对施工试验室进行审查。

（2）根据有关规定，为工程提供服务的实验室应具有政府主管部门颁发的资质证书及相应的试验范围。

（3）施工单位应按有关规定定期对计量设备进行检查、检定，确保计量设备的精确性和可靠性。专业监理工程师应审查施工单位定期提交影响工程质量的计量设备的检查和检定报告。

2.7 场地移交及布置

项目监理机构应督促项目部按已审定的进度计划，组织承包商完成施工场地交接验收工作；专业分包单位也必须在以上时间节点内进场施工。

施工场地交接验收程序

（1）由项目部科学合理地统筹安排场地交接验收工作；

（2）当达到移交条件并在移交时间节点内，由建设单位主持，组织区域技术部、项目部、监理、总承包、专业分包单位进行施工场地交接验收；

（3）各方对移交时间、移交范围内容、移交条件、场地环境、质量标准等事项进行交接验收；

（4）如各方认为现场达到移交验收标准，具备移交条件，验收通过，则各方在《专业分包单位施工场地移交验收确认单》上签字确认，承接场地的专业分包单位应立即安排组织队伍进场施工；

（5）如各方均认为现场未达到移交验收标准，完全不具备移交条件，则建设单位应立即下达联系单，要求总包规定期限内整改完成，达到移交质量标准，并及时组织复验。

2.8 原材料、构配件及设备进场验收和见证取样送检

2.8.1 工程材料、构配件、设备质量控制的基本内容

（1）项目监理机构收到施工单位报送的工程材料、构配件、设备报审表后，应审查施工单位报送的用于工程的材料、构配件、设备的质量证明文件，并应按有关规定、建设工程监理合同约定，对用于工程的材料进行见证取样。

（2）用于工程的材料、构配件、设备的质量证明文件包括出厂合格证、质量检验报告、性能检测报告以及施工单位的质量抽检报告等。

（3）对于工程设备应同时附有设备出厂合格证、技术说明书、质量检验证明、有关图纸、配件清单及技术资料等。

（4）对已进场经检验不合格的工程材料、构配件、设备，应要求施工单位限期将其撤出施工现场。

2.8.2 工程材料、构配件、设备质量控制的要点

（1）对用于工程的主要材料，在材料进场时专业监理工程师应核查厂家生产许可证、出厂合格证、材质化验单及性能检测报告，审查不合格者一律不准用于工程。专业监理工程师应参与建设单位组织的对施工单位负责采购的原材料、半成品、构配件的考察，并提出考察意见。对于半成品、构配件和设备，应按经过审批认可的设计文件和图纸要求采购订货，质量应满足有关标准和设计的要求。

（2）在现场配制的材料，施工单位应进行级配设计与配合比试验，经试验合格后才能使用。

（3）对于进口材料、构配件和设备，专业监理工程师应要求施工单位报送进口商检证明文件，并会同建设单位、施工单位、供货单位等相关单位有关人员按合同约定进行联合检查验收。联合检查由施工单位提出申请，项目监理机构组织，建设单位主持。

（4）对于工程采用新设备、新材料，还应核查相关部门鉴定证书或工程应用的证明材料、实地考察报告或专题论证材料。

（5）原材料、（半）成品、构配件进场时，专业监理工程师应检查其尺寸、规格、型号、产品标志、包装等外观质量，并判定其是否符合设计、规范、合同等要求。

（6）工程设备验收前，设备安装单位应提交设备验收方案，包括验收方法、质量标准、验收的依据，经专业监理工程师审查同意后实施。

（7）对进场的设备，专业监理工程师应会同设备安装单位、供货单位等有关人员进行开箱检验，检查其是否符合设计文件、合同文件和规范等所规定的厂家、型号、规格、数量、技术参数等，检查设备图纸、说明书、配件是否齐全。

（8）由建设单位采购的主要设备则由建设单位、施工单位、项目监理机构进行开箱检查，并由三方在开箱检查记录上签字。

（9）质量合格的材料、构配件进场后，到其使用或安装时，通常要经过一定的时间间隔。在此时间里，专业监理工程师应对施工单位在材料、半成品、构配件的存放、保管及使用期限实行监控。

2.9 常用材料试验及取样送检项目

如表2-1所示。

常用材料试验及取样送检项目表 表2-1

试验项目	取样标准	试验周期（天）	送检要求	备注
混凝土抗压强度	1.连续浇筑超过1000m³时，同一配合比的混凝土，每200m³取样不得少于一次；每一楼层、同一配合比的混凝土，其取样不得少于一组。每100m³同一配合比的混凝土不得少于一次取样。 2.每次取样至少留一组标准养护试件，同条件养护试件的留置数根据需要确定。每100盘且≥100m³为一组（100mm×100mm×100mm、150mm×150mm×150mm、200mm×200mm×200mm）	当天	标准养护条件下达到28天前1～2天送检。同条件养护的试件在等效养护龄期达到600℃·d的前1～2天送检。每组三块	标养28天必须报单，同条件累积温度必须达到600℃，时间不低于14天
混凝土抗折强度	100mm×100mm×100mm各三块一组或150mm×150mm×600mm各三块一组或150mm×150mm×550mm各三块一组	当天	试件在标准养护条件下养护龄期28天前1～2天送检	取样单上面写好水泥品种、强度等级和抗折设计强度
砂浆抗压强度	××每组三块	当天	试件在标准养护条件下养护龄期28天前1～2天送检	必须28天报单
溶剂型橡胶沥青防水涂料	5t为一批	9天	2kg	
聚合物水泥防水涂料	10t为一批	9天	共取5kg	
聚氨酯防水涂料	15t为一批	9天	共取3kg	
聚氯乙烯建筑防水接缝材料	20t为一批	2天	1kg	

试验项目	取样标准	试验周期（天）	送检要求	备注
石油沥青纸胎油毡	1500卷为一批	2天	1m² × 两块	
自粘橡胶改性沥青防水卷材	10000m²为一批	2天	1m² × 两块	
自粘聚合物改性沥青防水卷材	10000m²为一批	2天	1m² × 两块	
弹（塑）体改性沥青防水卷材	10000m²为一批	2天	1m² × 两块	
沥青复合胎柔性防水卷材	1000卷为一批	2天	1m² × 两块	
内墙涂料		1个月		
腻子		1个月	2kg	
电线	送样长度≥15m	2天	同厂家各种规格总数的10%，且不少于2个规格	
电缆	送样长度≥15m			
管道阀门	对于安装在主干管上起切断作用的闭路阀门，应逐个做强度和严密性试验	1天	应在每批（同牌号、同型号、同规格）数量中抽查10%，且不少于1个	
给水排水管材	50t为一批	2天	每种规格10根，每根长度为400mm	
给水排水管件	50t为一批	2天	排水管件每种规格9个；给水管件每种规格6个，配送相应规格的热水管材200mm×6根	
给水衬塑复合钢管	$DN \leqslant 50mm$，2000根为一批；$DN > 50mm$，1000根为一批	2天	每种规格3根，每根长度为400mm	
碳素结构钢、原材	按同一牌号、用规格、同炉罐、同交货状态的每60t钢筋为一验收批，不足60t按60t计。每批抽取一组，长度：55cm、35cm各两根，直径≥28mm长度：60cm、45cm各两根。有抗震要求的，应注明抗震等级或设计要求	1天	拉伸试样长度500mm或10d+200（ϕ32以上取长月800mm）弯曲试样取550mm，共5根	

试验项目	取样标准	试验周期（天）	送检要求	备注
钢筋电渣压力焊	在现浇钢筋混凝土结构中，应以每一楼层或工区段中300个同钢筋级别的接头为一批，不足300个时，仍作为一批，每批抽取55cm三支	1～2天	每种规格送3根复检则双倍取样长度500mm	50cm×3根（复检6根）
钢筋闪光对焊	同一台班内、同一焊工完成的300个同一直径、级别作为一个验收批，不足300另计	1天	每种规格送3根（共计6根）复检则双倍取样长度500mm	50cm×6根（复检12根）
钢筋机械连接	同一施工条件下采用同一材料的同等级、型式规格的接头以500个为一批次、不足500的为一批计。每批抽取500mm三支（另送500mm原材三支）	1天	每种规格送3根复检则双倍取样长度500mm	50cm×3根（复检6根）
电弧焊	每批随机切取3个接头进行拉伸试验，长度为55cm	1天	每种规格送3根复检则双倍取样长度500mm	50cm×3根（复检6根）
钢筋气压焊	以300个接头为一批，不足300的为一批计	1天	每种规格送3根（共计6根）复检则双倍取样拉伸长度500mm、弯曲550mm	
预埋件，钢筋T型接头	以300件同一类型预埋件为一个批次、不足300的为一批计	1～2天	每种规格送3根，复检则双倍取样，长度500mm	
预应力钢绞线	每批由同一牌号、同一规格、同一生产工艺的钢绞线组成，每种规格以60t为一批、不足60t的按一批计，每批抽取75cm三根。若要求做静载试验时，数量：对应孔数×3，长度单位：米/条	1～2天	每种规格送3根长度	
预应力锚夹具	每种规格以100套为一批，不足100按一批计	1～2天	单孔锚取3根、多孔锚取3×多孔锚孔数	
钢板	同一牌号、同炉罐号、同等级、同品种、同一尺寸、同一交货状态组成，每60t一批，不足批量也按一批计，每批抽取3根长为40cm的型材检验	1～2天	1拉1弯2块	3cm宽×50cm长
无缝钢管	同一钢号、炉号、规格、热处理制度的钢管一批	1～2天	2拉1弯3根	
型钢	同一牌号、同炉罐号、同等级、同品种、同一尺寸、同一交货状态组成，每60t一批，不足批量也按一批计，每批抽取3根长为40cm的型材检验	1～2天	1拉1弯2根	

试验项目	取样标准	试验周期（天）	送检要求	备注
水泥	水泥取样检验应以同一水泥厂、同编号水泥为一取样单位，水泥出厂编号按水泥厂年生产能力规定，10万t～30万t以上，不超过400t为一编号，30万t～60万t不超过600t为一编号，一般以400t为一验收批	从送样日期起，4天出3天报告，29天出28天的报告	取样应有代表性，可连续取，亦可从20个以上不同部位取等量样品，数量不少于12kg，样品缩分为二等份，一份检验，一份作为备样	
石	按同品种、规格、适用等级及日产量每600t或400m³为一批，不足600t或400m³亦为一批。日产量超过2000t，按1000t为一批，不足1000t亦为一批，日产量超过5000t，按2000t为一批，不足2001t亦为一批	3天	最大粒径≮50kg最大粒径40mm，取样不少于150kg	
砂	同上	3天	不少于40kg	
粉煤灰、矿渣粉	同一等级以200t为一批，不足200t亦算一批，每批抽取具有代表性的均匀样品4kg	29天	每次取样8kg	
膨胀剂	同一厂家、同一品种一次供应50t为一批，不足50t按一批	29天	不少于水泥所需用的外加剂量，同批号的产品必须混合均匀，分为两等份	
防水剂、泵送剂	同一厂家、同一品种一次供应10t为一批，不足10t按一批	29天	不少于水泥所需用的外加剂量，同批号的产品必须混合均匀，分为两等份	
减水剂、早强剂、缓凝剂、引气剂	同一厂家、同一品种一次供应10t为一批，不足10t按一批	29天	不少于水泥所需用的外加剂量，同批号的产品必须混合均匀，分为两等份	
砂浆配合比	每一检验批不超过250m³的各种类型及强度等级的砌筑砂浆，每台搅拌机至少取样一次，每组6块建筑地面工程按每一层不应少于一组，当每层建筑地面工程面积超过1000m²增做一组试块，不足1000m²按1000m²计	从送样日期起，11天出7天的报告；33天出28天的报告	水泥、砂石料、掺合料使用袋装，掺外加剂时需提供外加剂的产品说明书（如掺量），水泥：20kg，砂子：40kg	
混凝土配比	水泥品种不同，水泥出厂日期不同，砂浆、混凝土特性、强度等级及建筑物部位不同，各做一组配合比	从送样日期起，11天出7天的报告；33天出28天的报告	水泥、砂石料、掺合料使用袋装，掺外加剂时需提供外加剂的产品说明书（如掺量）一组配合比用量如下：水泥：1包，石子：150kg，砂子：60kg	

试验项目	取样标准	试验周期（天）	送检要求	备注
烧结普通砖	取样方法按《烧结普通砖》GB 5101—2017进行，验收批以15万块为一批，不足15万块按一批计	4天	随机抽取20块	
烧结多孔砖和多孔砌块	15万块为一批；不足15万块按一批计。每批抽取20块做常规检验	4天	随机抽取20块	
加气混凝土砌块	砌块按密度和强度等级分批验收。它以用同一品种轻集料配制成的相同密度等级、强度等级、质量等级、同一生产工艺制成的1万块轻集料加气混凝土砌块为一批；每月生产的砌块数不足1万块者亦按一批	3天	3组，每组3块	
陶瓷砖	≮1m²，同种产品，同一级别，规格以5000m²为一批	7天	至少30块	
烧结空心砖和空心砌块	1万块为一批；不足1万块按一批计。每批抽取20块做常规检验	4天	20块	
烧结瓦和混凝土瓦	以块为一批	4天	20块	
混凝土路面砖	同品种、同规格的砖，以500m³为一批，不足该数亦为一批。从外观质量检查合格的砖样中按随机抽样法抽取，每批抽取10块做常规检验	3天	20块	
轻集料混凝土小型砌块	以不大于1万块为一批	3天	20块	
混凝土普通砖	1万块为一批，每批抽取15块做常规检验	7天	15块	
石膏板	以2500张为一批	3天	5张	
人造板	甲醛含量，50cm×50cm	3天	2份	
放射性	随机抽取样品两份，每份不少于2kg	1天	2份	
混凝土抗渗	①对有抗渗要求的混凝土结构，其混凝土试件应在浇筑地点随机取样，同一工程、同一配合比的混凝土取样不应少于一次，留置组数可根据实际需要确定；②对地下防水混凝土同一工程、同一配合比的混凝土当连续浇筑的混凝土每500m³应留置不少于一组抗渗试件，且每项工程不得少于2组；③对地下防水预拌混凝土当连续浇筑混凝土每500m³应留置不少于2组试件，且每部位（底板、侧墙）试块不少于两组，当每增加250～500m³混凝土时，应增加两组试样，当混凝土增加量在250m³以内时，不再增加试件组数	P6为3天；P8为4天；P12为5天	试件在标准养护条件下养护龄期28天，前1～2天送检6个1组，尺寸为175mm×185mm×150mm	报单时间不低于28天且不超过90天

试验项目	取样标准	试验周期（天）	送检要求	备注
漆		4天	2kg	
止水带	以每月同标记的止水带产量为一批	7天	2m	
石材胶粘剂	20t为一批	30天以上	2kg，A、B胶各取1kg	
瓷砖胶	C类产品100t为一批，其他类产品10t为一批	30天以上	20kg	
硅铜密封胶	2t为一批	30天以上	6～9支	
混凝土和钢筋混凝土管	同一厂家、规格、等级的1000根送检1根	2天	1根	提前1～2天预约实验，送样需另收吊装费
压浆剂	压浆料用量100t为一批（压浆剂按配比折算成压浆料数量计算），不足100t按一批计	试块抗压：2天；原材料检测：至少28天	4kg抗压一组3块	
轻钢龙骨	班产量≥2000m者，以2000m同型号、同规格的轻钢龙骨为一批，班产量＜2000m者，以实际班产量为一批	1～3天	三根：长度主龙骨1200mm；次龙骨600mm	
水玻璃	生产企业用相同材料，基本相同的生产条件，连续生产或同一班组生产的同一级别的产品为一批；液体硅酸钠每批产品不超过500t，固体硅酸钠每批产品不超过400t	3～5天	液体：≥250mL；固体：500g	
玻璃纤维筋	同一规格、同一种材料、同一生产工艺、稳定连续生产的500根为一批，不足此数量时，按一批计	2天	关于外观检验和尺寸要求、密度等非力学性能指标采取随机抽样，每批取样数量为5根；力学性能采用二次随机抽样，第一次样本数为5根，第二次样本数为20根	

试验项目	取样标准	试验周期（天）	送检要求	备注
膨润土	同一标记的袋装膨润土以60t为一批，不足60t按一批计，散装膨润土以每一罐车或储仓为一批	3天	袋装：不少于1kg；散装：膨润土批量小于12t时，采样点为7个，每点取样品量约150g；批量为12～60t时，采样点 $\sqrt{批量(t)\times20}$ 为每点取样品量约100g；批量大于60t时，采样点为40个，每点取样品量约50g	
焊条	由同一焊芯（钢带）、同一批号主要涂料（药芯）原料，以同样配方和制造工艺制成的为一批，EDP型焊条每批最多为10t，其他为5t	1～3天	按照需要数量，至少在三个部分平均取有代表性的样品，每批至少三根	
水	地表水宜在水域中心部位，距水面100mm以下采集。地下水应在放水冲洗管道后接取，或直接用容器采集	1～3天	水质检验水样不应少于5L，用于测定水泥凝结时间和胶砂强度的水样不应少于3L	
烟道	住宅层高的1万根一批，900mm的8000根为一批，1000mm的3万根为一批	1～3天	从每批中抽取20根，100m³混凝土取三组与产品养护条件相同的试块进行强度检测	
绝缘电工套管		试指标而定	每种规格中各随机抽取3根，各截取1段1000mm长管材	
开关	由同一建设小区、同一施工单位施工的不超过2万mm²且不超过三个单位工程（高层除外）的同一批材料为一个取样单位	4天	常规检测：每组随机抽取1组3个	
插座	由同一建设小区、同一施工单位施工的不超过2万mm²且不超过三个单位工程（高层除外）的同一批材料为一个取样单位	4天	常规检测：每组随机抽取1组3个	
灯具	由同一建设小区、同一施工单位施工的不超过2万mm²且不超过三个单位工程（高层除外）的同一批材料为一个取样单位		常规检测：每组随机抽取1组3个	

2.10 施工质量验收程序

2.10.1 检验批验收

（1）检验批是分项工程的组成部分。检验批是指按相同的生产条件或按规定的方式汇总起来供抽样检验使用，由一定数量样本组成的检验体。

（2）划分原则。检验批可根据施工、质量控制和专业验收的需要，按工程量、楼层、施工段、变形缝进行划分。

（3）划分方法。施工前，应由施工单位制定分项工程和检验批的划分方案，并由项目监理机构审核。对于检验批《建筑工程施工质量验收统一标准》GB/T 50300—2013附录B及相关专业验收规范未涵盖的分项工程和检验批，可由建设单位组织监理、施工等单位协商确定。通常，多层及高层建筑的分项工程可按楼层或施工段来划分检验批，单层建筑的分项工程可按变形缝等划分检验批；地基与基础的分项工程一般划分为一个检验批，有地下层的基础工程可按不同地下层划分检验批；屋面工程的分项工程可按不同楼层屋面划分为不同的检验批；其他分部工程中的分项工程，一般按楼层划分检验批；对于工程量较少的分项工程可划分为一个检验批；安装工程一般按一个设计系统或设备组别划分为一个检验批；室外工程一般划分为一个检验批；散水、台阶、明沟等含在地面检验批中。

（4）验收程序。检验批是工程施工质量验收的最小单位，是分项工程、分部工程、单位工程质量验收的基础。检验批质量验收应由专业监理工程师组织施工单位项目专业质量检查员、专业工长等进行。

1）施工单位应先对施工完成的检验批进行自检，对存在的问题自行整改处理，合格后由项目专业质量检查员填写检验批质量验收记录及检验批报审、报验表，并报送项目监理机构申请验收。

2）专业监理工程师对施工单位所报资料进行审查，并组织相关人员到验收现场进行主控项目和一般项目的实体检查、验收。

3）对不合格的检验批，专业监理工程师应要求施工单位进行整改，并自检合格后予以复验；对合格的检验批，专业监理工程师应签认检验批报审、报验表及质量验收记录，准许进行下道工序施工。

（5）验收合格规定如下。

1）主控项目的质量经抽样检验均应合格；

2）一般项目的质量经抽样检验合格。当采用计数抽样时，合格率应符合有关专业验收规范的规定，且不得存在严重缺陷；

3）具有完整的施工操作依据、质量验收记录。

2.10.2 分项工程验收

1.分项工程

分项工程是分部工程的组成部分。分项工程是指分部工程的细分，是构成分部工程的基本项目，又称工程子目，或子目，它是通过较为简单的施工过程就可以生产出来并可用适当计量单位进行计算的建筑工程或安装工程。一般是按照选用的施工方法、所使用的材料、结构构件规格等不同因素划分施工分项。

2.验收程序

分项工程质量验收应由专业监理工程师组织施工单位项目技术负责人等进行。验收前，施工单位应对施工完成的分项工程进行自检，对存在的问题自行整改处理，合格后填写分项工程报审、报验表及分项工程质量验收记录，并将相关资料报送项目监理机构申请验收。专业监理工程师对施工单位所报资料逐项进行审查，符合要求后签认分项工程报审、报验表及质量验收记录。

3.验收合格规定

（1）分项工程所含检验批的质量均应验收合格；

（2）分项工程所含检验批的质量验收记录应完整。

2.10.3 分部工程验收

1.分部工程

分部工程是指按部位、材料和工种进一步分解单位工程后划分出来的工程。每一个单位工程仍然是一个较大的组合体，它本身是由许多结构构件、部件或更小的部分所组成，把这些内容按部位、材料和工种进一步分解，就是分部工程。

2.验收程序

分部工程应由总监理工程师组织施工单位项目负责人和项目技术负责人等进行验收。勘察、设计单位项目负责人和施工单位技术、质量部门负责人应参加地基与基础分部工程的验收。设计单位项目负责人和施工单位技术、质量部门负责人应参加主体结构、节能分部工程的验收。参加验收的人员，除指定的人员必须参加验收外，允许其他相关人员共同参加验收。

在验收前，施工单位应自行对工程进行检测，对存在的问题进行修改，再填写验收记录，最后将资料送到监理机构申请验收。总监理工程师应组织相关人员进行检查、验收，对验收不合格的分部工程，应要求施工单位进行整改，自检合格后予以复查。对验收合格的分部工程，应签认分部工程报验表及验收记录。

3.验收合格规定

（1）所含分项工程的质量均应验收合格；

（2）质量控制资料应完整；

（3）有关安全、节能、环境保护和主要使用功能的抽样检验结果应符合相应规定；

（4）观感质量应符合要求。

2.10.4 单位工程验收

1.单位工程

单位工程指不仅能独立发挥能力（或效益），且具有独立施工条件的工程。单位工程是单项工程的组成部分，通常根据单项工程所包含不同性质的工程内容、能否独立施工的要求，将一个单项工程划分为若干个单位工程，如矿井是一个单项工程，井筒、井底车场、绞车房等均为单位工程。

2.验收程序

（1）施工单位自检。单位工程完工后，施工单位应依据验收规范、设计图纸等组织有关人员进行自检，对存在的问题自行整改处理，合格后填写单位工程竣工验收报审表，并将相关竣工资料报送项目监理机构申请预验收。

（2）工程竣工预验收。总监理工程师应组织各专业监理工程师审查施工单位报送的相关竣工资料，并对工程质量进行竣工预验收。存在施工质量问题时，应由施工单位及时整改。整改完毕且复验合格后，总监理工程师应签认单位工程竣工验收的相关资料。项目监理机构应编写工程质量评估报告，并应经总监理工程师和工程监理单位技术负责人审核签字后报建设单位。由施工单位向建设单位提交工程竣工报告，申请工程竣工验收。

（3）竣工验收。建设单位收到工程竣工报告后，应由建设单位项目负责人组织监理、施工、设计、勘察等单位项目负责人进行单位工程验收。对验收中提出的整改问题，项目监理机构应督促施工单位及时整改。工程质量符合要求的，总监理工程师应在工程竣工验收报告中签署验收意见。这里注意的是，在单位工程质量验收时，由于勘察、设计、施工、监理等单位都是责任主体，因此各单位项目负责人应参加验收，考虑到施工单位对工程负有直接生产责任，而施工项目部不是法人单位，故施工单位的技术、质量负责人也应参加验收。

当一个工程完工后，且满足各种使用条件，施工单位已自行检验，项目单位也已验收，建设单位便可组织相关单位进行验收。由几个施工单位负责施工的单位工程，当其中的子单位工程已按设计要求完成，并经自行检验，也可按规定的程序组织正式验收，办理交工手续。在整个单位工程验收时，已验收的子单位工程验收资料应作为单位工程验收的附件。

《建设工程质量管理条例》规定，建设工程竣工验收应当具备下列条件：完成建设工程设计和合同约定的各项内容；有完整的技术档案和施工管理资料；有工程使用的主要建筑材料、建筑构配件和设备的进场试验报告；有勘察、设计、施工、工程监理等单位分别签署的质量合格文件；有施工单位签署的工程保修书。

3.验收合格规定

（1）所含分部（子分部）工程的质量均应验收合格；

（2）质量控制资料应完整；

（3）所含分部工程中有关安全、节能、环境保护和主要使用功能等的检验资料应完整；

（4）主要使用功能的抽查结果应符合相关专业质量验收规范的规定；

（5）观感质量应符合要求。

2.10.5 隐蔽工程验收

1.隐蔽工程

隐蔽工程是指在下道工序施工后将被覆盖或掩盖，不易进行质量检查的工程。隐蔽工程完成后，在被覆盖或掩盖前必须进行隐蔽工程质量验收。它可能是一个检验批，也可能是一个分项工程或子分部工程，所以可按检验批或分项工程、子分部工程进行验收。

2.验收方法

（1）施工单位应对隐蔽工程质量进行自检，合格后填写隐蔽工程质量验收记录及隐蔽工程报审、报验表，并报送项目监理机构申请验收。

（2）专业监理工程师对施工单位所报资料进行审查，并组织相关人员到验收现场进行实体检查、验收，同时应留有照片、影像等资料。

（3）对验收不合格的工程，专业监理工程师应要求施工单位进行整改，自检合格后予以复查；对验收合格的钢筋工程，专业监理工程师应签认隐蔽工程报审、报验表及质量验收记录，准予进行下一道工序施工。

2.11 工程实体检验

2.11.1 工程实体检验定义

在监理工程师（无监理的工程有建设单位代表）见证下，对已经完成施工作业的分部或分项工程，按照有关规定在工程实体上抽取试样，在现场进行检验或者送至有见证检验资质的检测机构的活动。也称工程实体检验或工程现场检验。

2.11.2 实体检验的依据

近年来，实体检验逐步发展成为对工程实物质量控制的一种重要手段。实体检验是应《建筑工程施工质量验收统一标准》GB/T 50300—2013要求进行的，工程质量验收包括检验批验收、分项工程验收、分部或子分部工程验收、单位或子单位工程验收等。强制性条文规定，应当"对涉及结构安全和使用功能的重要分部工程应进行抽样检测"。因此，《混凝土结构工程施工质量验收规范》GB 50204—2015和《建筑节能工程施工质量验收规范》GB 50411—2019等国家标准均要求在分部或子分部工程验收前应进行实体检验。

2.11.3 实体检验的作用

（1）实体检验是分部工程验收前对重要部位的工程质量进行抽样核查的一种重要方法；

（2）实体检验的主要作用是验证检验批合格的工程是否能通过再次抽样检验。

2.11.4 工程实体检验分类

1.地基工程

（1）地基及地基处理

1）重点检查：

①验槽记录（局部处理的应有复检记录）；

②地基处理（包括各种复合地基）情况及记录（包括方案、材料、施工、试验、检测和验收）；

③勘察报告。

2）一般检查：

①基槽（坑）的位置、平面尺寸、底标高；

②钎探的数量、间距、深度、基槽（坑）钎探记录；

③工程定位放线记录；

④支护措施；

⑤岩土工程勘察资料中土壤氡浓度的检测报告。

3）检查方法：

①以现场检查，资料检查为主；

②检查人员可现场随机检查测量基槽（坑）的尺寸和标高，并应根据钎探记录，随机抽测几个钎探点（锤击数或钎探深度），以检查其记录的可靠性。

（2）桩基（混凝土预制桩、钢桩、灌注桩）

1）重点检查：

①原材料、预制构件、钢桩的产品合格证及复试报告；

②混凝土预制桩和钢桩成桩质量（制桩、打入深度、停锤标准、桩位及垂直度）；

③混凝土抗压强度试件报告单、桩基施工及验收记录、施工前现场单桩静载试验报告、成桩单桩承载力检测报告（单桩静载荷试验报告或动测法试验报告）。

2）一般检查：

①灌注桩成孔后孔底土质情况、中心位置、孔深、孔径、垂直度、孔底沉渣厚度等；

②钢筋笼的制作质量（钢筋规格、焊条规格、品种，焊口规格、焊缝长度、焊缝外观和质量、钢筋笼直径、长度、箍筋的间距与绑扎等）；

③承台钢筋施工质量（截桩、清理、就位、绑扎等）；

④混凝土的配制与浇筑（配合比、计量、搅拌、振捣、下料方式）；

⑤柱位定位图及定位桩；

⑥隐蔽工程验收记录。

3）检查方法：

以现场检查，资料检查为主。

①基底清除（垃圾、树根等杂物、积水、淤泥等）；

②异地土作为回填土时要有镭、钾、氡的比活度测定；

③隐蔽工程验收记录（防水层、结构、管线等）。

2.基础和主体结构工程

（1）砌体结构

1）重点检查：

①砌体工程所用材料的产品合格证书、性能检测报告，块材、水泥、钢筋、外加剂等材料进场的性能复验报告；

②混凝土、砂浆试块强度试验报告（含：同条件），混凝土、砂浆现场拌制情况（配合比、计量、砂石含水率），各组分材料应采用重量计算、混凝土、砂浆配合比单；

③砌筑方法、砂浆饱满度应符合规范要求；

④未经设计同意不得打凿墙体和在墙体上开凿水平沟槽；

⑤隐蔽工程验收（检查）记录；

⑥基础、主体工程验收记录。

2）一般检查：

①重点部位施工方案；

②砌体工程施工记录；

③工程质量检验评定记录；

④冬雨季施工方案及施工记录；

⑤交底记录；

⑥脚手眼和临时施工洞口的留置，应符合规范要求。

3）检查方法：

现场施工检查外观，技术资料检查，验收核查。砌体工程检验批验收时，主控项目应全部符合规范要求，一般项目应有80%及以上的检查处符合规范要求，冬季施工按规范要求执行（注意保温材料的准备、测温记录、材料拌和程序、外加剂掺量、试块的留置、养护和保温措施）。

（2）各类砌体基本要求

1）砖砌体重点检查：

①基础用砂浆有无设计要求（一般为水泥砂浆）；

②转角处和纵横墙交接处是否同时砌筑；

③留槎、马牙槎是否符合要求；

④拉结筋的设置情况。

2）砖砌体一般检查：

①留置洞口时，其相应的过梁、预埋构件应符合规范和设计要求；

②检查设置预制梁的砌体顶面是否找平，是否在安装时坐浆，位置、标高是否正确；

③砌筑砖砌体时，砖是否提前浇水润湿，冬季应根据温度而定；

④蒸压（养）砖施工砌筑时，产品龄期是否超过28天；

⑤女儿墙应设置构造柱，其钢筋必须伸入女儿墙压顶内，锚固长度满足设计要求和规范要求，根据屋面构造和防水层的厚度，留置凹槽以便卷材防水收头。

3）填充墙砌体重点检查：

①填充材料（蒸压加气混凝土砌块、轻骨料混凝土小型空心砌块）砌筑时其产品龄期是否超过28天；

②填充墙（蒸压加气混凝土砌块、轻骨料混凝土小型空心砌块）墙底部应用烧结普通砖或多孔砖，或普通混凝土小型空心砌块砌筑，或现浇混凝土坎台；

③检查填充墙与主体结构的拉结筋数量、位置、规格及节点做法是否符合要求。

4）填充墙砌体一般检查：

①检查填充墙砌至接近梁、板底时有无留置空隙，并间隔7天补砌；

②蒸压加气混凝土砌块和轻骨料混凝土小型空心砌块砌体有无和其他块材混砌现象；

③填充墙砌体平整度观感情况；

④填充墙砌体前块材是否提前浇水润湿。

5）混凝土小型空心砌块砌体重点检查：

①小砌块的产品龄期是否超过28天；

②承重墙体严禁使用断裂小砌块；

③墙体转角处和纵横墙交接处是否同时砌筑，留槎是否符合要求，拉结筋的设置情况；

④浇筑芯柱混凝土时，砌筑砂浆应具有一定的强度，检查芯柱混凝土浇筑情况时，可采用观察或其他方法，同一轴向不少于3点。

6）混凝土小型空心砌块砌体一般检查：

①检查底层室内地面以下或防潮层以下的砌体，是否采用C20以上强度等级的混凝土灌实小砌块的孔洞；

②天气干燥炎热的情况下，是否提前浇水，小砌块表面有浮水时不得浇筑；

③小砌块应底面朝上反砌于墙上；

④竖缝凹槽部位是否用砌筑砂浆填实，不得出现瞎缝、透明缝。

7）配筋砌体重点检查：

①构造柱、圈梁钢筋绑扎、搭接、加密范围、箍筋间距应符合规范要求；

②检查时应注意砌体拉结筋的设置及锚固长度。

8）配筋砌体一般检查：

①浇筑构造柱混凝土前应及时清除落地灰等杂物，将砌体留槎部位和木模板浇水湿润，并在结合面注入适量与混凝土相同的去石水泥砂浆，严禁通过墙体传震；

②构造柱与墙体连接处的马牙槎应先退后进，预留拉接筋应位置正确，不得任意弯折；

③构造柱的尺寸。

9）检查方法：

①检查外观、查验技术资料；

②砌体工程检验批验收时，主控项目应全部符合规范要求，一般项目应有80%及以上的检查处符合规范要求，冬季施工按规范要求执行（注意保温材料的准备、测温记录、材料拌和程序、外加剂掺量、试块的留置、养护和保温措施）。

（3）混凝土结构

1）模板工程

重点检查：

①板支撑的设计方案及施工技术方案是否经过审批；

②模板及其支架安装时，上下层支架的支柱应对准并铺设垫板；

③在涂刷模板隔离剂时，不得沾污钢筋和混凝土的接槎处；

④底模及其支架拆除时的混凝土强度应符合设计和规范要求（后浇带周边支撑要加强，后浇带模板拆除和支顶时，应严格按施工技术方案执行）。

一般检查：

①模板的接缝不应漏浆，模板与混凝土的接触面应清理干净并涂刷隔离剂；

②对跨度不小于4m的现浇钢筋混凝土梁、板，其模板应按设计和规范要求起拱；

③拆除的模板和支架宜分散堆放，不应对楼层形成冲击荷载；

④模板安装尺寸。

2）钢筋工程

重点检查：

①钢筋的力学性能试验报告（要注意钢筋抗拉强度的实测值与钢筋屈服强度值的比值是否符合规范要求）、产品合格证、出厂检验报告；

②纵向受力钢筋的连接方式、钢筋的连接质量（接头位置、外观质量、搭接长度、锚固长度、接头力学性能试验报告）应符合设计、规范要求；

③悬挑构件负弯矩筋的安装是否正确；

④钢筋隐蔽工程记录。

一般检查：

①钢筋安装位置的偏差、钢筋保护层厚度应符合规范要求；

②同一构件内的钢筋接头宜相互错开，其接头面积百分率应符合设计和规范要求；

③箍筋要绑扎牢固，加密要符合设计、规范要求；

④钢筋的品种、级别、规格、数量必须符合设计要求；

⑤现场钢筋加工情况和预留洞口周围钢筋的设置及钢筋端头的处理。

3）预应力工程

重点检查：

①预应力筋的力学性能检验报告、产品合格证、出厂检验报告；

②预应力筋安装时，其品种、级别、规格、数量必须符合设计要求；

③施工过程中应避免电火花损伤预应力筋，受损伤的应予更换；

④预应力钢筋应采用砂轮钢或切断机切断，不得用电弧切割。

一般检查：

①孔道灌浆用水泥应采用普通硅酸盐水泥；

②预应力筋及其锚具、夹具、连接器的外观检查及合格证和进场复试报告；

③先张法预应力钢筋施工时，应选用非油质类模板隔离剂，并应避免沾污钢筋；

④预应力筋安装、张拉及灌浆记录。

4）混凝土工程

重点检查：

①水泥的产品合格证、出厂检验报告和进场复验报告，外加剂的产品合格证、出厂检验报告；

②施工组织设计及冬季施工、大体积混凝土施工、重要部位施工的技术方案和技术交底的编制是否有针对性、可操作性，是否经过审批，施工中是否遵照执行；

③严禁使用含氯化物的水泥，要注意检查混凝土中氯化物、碱的总含量计算书；

④是否按照《房屋建筑工程和市政基础设施工程实行见证取样和送检的规定》进行的原材料、试块和试件的见证取样，试验报告是否有见证章；

⑤混凝土试件（强度、抗渗）的留置（要注意同条件试块的养护地点）、取样地点，试块的强度报告、抗渗试验报告应符合规范的要求；

⑥现场拌制混凝土原材料、外加剂的计量是否准确，是否根据现场砂、石的含水率及时调整配合比；

⑦冬季施工按规范要求执行（注意保温材料的准备、测温记录、材料拌和程序、外加剂掺量、试块的留置、养护和保温措施）。

一般检查：

①混凝土结构实体检验记录（混凝土强度、钢筋保护层厚度以及工程合同约定的项目）；

②材料（钢筋、水泥、外加剂、砂、石子等）外观质量、储存堆放、有无标牌；

③施工缝的留置及混凝土的养护；

④工程重大质量问题的处理方案和验收记录；

⑤现浇混凝土结构构件的观感质量、几何尺寸、轴线位置应符合设计和规范要求；

⑥混凝土板浇注时有无搭设马凳；

⑦标养室的养护条件是否符合要求；

⑧开盘鉴定、施工记录、分项工程验收等。

5）装配式结构工程

重点检查：

①预制构件的结构性能检验报告和出厂合格证，预制构件上是否标注生产单位、构件型号、生产日期和质量验收标准；

②预制构件不应该有严重的外观质量缺陷和影响结构性能及使用功能的尺寸偏差，对已经出现严重缺陷的或者超过偏差要求的，应按照规范要求处理；

③预制构件与结构件的连接、承受内力的接头和拼逢应符合设计规范要求。

一般检查：

①安装方案；

②施工记录；

③观感情况。

检查方法：

①重点部位检查及日常随机检查；

②混凝土外观检查，工程档案资料检查，同时辅以科学仪器对混凝土结构主要受力构件进行实体测试。

（4）钢（网架）结构

1）重点检查：

①是否具有相应的钢结构工程施工资质的专业队伍施工；

②钢结构工程安装的施工组织设计、施工技术方案是否经过审批并形成记录；

③钢材、钢铸件、焊接材料、钢结构连接所用材料和涂料等原材料、成品的质量合格证明文件、中文标志、检验报告、规范和设计要求的复验报告等；

④焊接工艺评定报告，焊接质量检验报告（超声波或射线探伤记录，焊缝探伤检验的时间应符合规范要求），焊缝观感质量；

⑤隐蔽工程验收记录。

2）一般检查：

①高强度螺栓连接摩擦面抗滑移系数试验报告和复验报告；

②有关安全及功能的检验和见证检测项目检查记录；

③钢构件外形尺寸，节点及构件观感检查；

④设计要求的钢结构试验报告；

⑤重要钢结构的焊接材料应进行复验；

⑥焊接球表面应无波纹，局部凹凸不平不大于1.5mm，螺栓球不得有过烧、裂纹、裙皱；

⑦T形接头、十字接头、角接接头等要求熔透的对接和角对接组合焊缝的焊脚尺寸及其偏差应符合规范要求。

3）检查方法：

①检查资料；

②用钢板尺测量；

③观感检查。

（5）地下防水

1）重点检查：

①防水材料的出厂合格证、性能检测报告、现场抽样复验报告；

②地下防水工程的防水层严禁在雨天、雪天、五级风及其以上时施工；

③防水混凝土、水泥砂浆防水层原材料的出厂合格证、质量检验报告、保证配合比的计量措施和现场抽样试验报告；

④防水混凝土的变形缝、施工缝、后浇带、穿墙管道、埋设件等设置和构造，均须符合设计要求，严禁有渗漏，防水混凝土坍落度及抗压、抗渗试验报告必须符合设计要求；

⑤防水卷材搭接应符合规范要求（两幅卷材短边和长边的搭接宽度均不小于100mm；多层卷材时，上下两层和相邻两幅卷材的接缝应错开1/3幅宽，且两层卷材不得相互垂直铺贴）；

⑥卷材防水层、涂料防水层的转角处、变形缝、穿墙管道等细部做法均应符合设计要求；

⑦隐蔽工程验收记录，工程结构验收记录。

2）一般检查：

①地下防水工程施工是否严格执行了自检、交接检、专职人员检查的"三检"制度；

②水泥砂浆防水层各层之间必须结合牢固，无空鼓现象；

③水泥砂浆防水层表面应密实、平整、不得有裂纹、起砂、麻面等缺陷，阴阳角处应做成圆弧形。施工缝留槎位置正确，接槎是否按层次顺序操作，层层搭

接紧密；

④卷材接缝应粘接牢固、封闭严密，防水层不得有损伤、空鼓、皱褶等缺陷；

⑤涂层应粘接牢固，不得有脱皮、柳堂、鼓泡、露胎、皱折等缺陷，涂层厚度应符合设计要求；

⑥防水混凝土结构表面应坚实、平整，不得有露筋、蜂窝、贯通裂缝等缺陷；

⑦塑料防水板搭接缝必须采用热风焊接，不得有渗漏，塑料板防水层应铺设牢固、平整，搭接焊缝严密，不得有焊穿、下垂、绷紧现象；

⑧金属板防水层焊缝不得有裂纹、未熔合、夹渣、焊瘤、咬边、烧穿、弧坑、针状气孔等缺陷；保护涂层应符合设计要求。

3）检查方法：以现场检查为主。

3.屋面工程

（1）卷材防水屋面

1）重点检查：

①找平层、保温层、防水卷材及配套材料的产品合格证书、质量检验报告，需复验的还应有复验报告；

②屋面（含：天沟、檐沟）找平层的排水坡度、保温层的含水率；

③天沟、檐沟、檐口、水落口、泛水、变形缝和伸出屋面管道的防水构造、密封处理，必须符合设计和规范要求；

④细部构造、接缝、保护层的质量是否符合规范要求；

⑤屋面防水工程的防水层和保温层严禁在雨天、雪天、五级风及其以上时施工；

⑥隐蔽工程验收记录、淋水或蓄水检验记录，防水层不得有渗漏或积水现象。

2）一般检查：

①基层与突出屋面结构的交接处和基层的转角处，均应做成圆弧形，且整齐平顺；

②水泥砂浆、细石混凝土找平层分格缝的留置、密封材料的填塞应符合设计和规范要求，找平层表面应平整、压光，不得有酥松、起砂起皮现象。沥青砂浆找平层不得有拌和不均、蜂窝现象；

③保温层的厚度及铺设应符合规范要求（松散保温材料要分层铺设，压实适当、表面平整、找坡正确，板状保温材料要求紧贴基层、铺平垫稳、拼缝严密、找坡正确，整体现浇保温层要求拌和均匀、分层铺设、压实适当、表面平整、找坡正确）；

④水泥砂浆、块材或细石混凝土保护层与混凝土防水层之间应设置隔离层；

⑤铺设卷材的配套材料、搭接方法、接缝设置、铺贴方向和对基层的要求应符合规范规定；

⑥天沟、檐沟、檐口、泛水和立面卷材收头的端部应裁齐，塞入预留凹槽内，用金属压条钉压固定，并用密封材料嵌填封严。

3) 检查方法：

主要采用观感检查、资料检查、尺量、雨后或淋水检查。

（2）涂膜防水屋面

1）重点检查：

①防水涂料和胎体增强材料的出产合格证、质量检验报告和现场抽样复验报告；

②涂膜防水层在天沟、檐沟、檐口、水落口、泛水、变形缝和伸出屋面管道的防水构造，必须符合设计和规范要求；

③防水涂膜应根据防水涂料的品种分层分遍涂布，不得一次涂成，应待先涂的涂层干燥成膜后，方可涂后一遍涂料；

④隐蔽验收记录、淋水或蓄水检验记录，涂膜防水层不得有渗漏或积水现象。

2）一般检查：

①涂膜防水层的厚度应符合设计要求；

②涂膜防水层与基层应黏结牢固，表面平整，涂刷均匀，无流滴、较折、鼓泡、露胎体和翘边等缺陷；

③涂膜防水层上的保护层应均匀、黏结牢固，刚性保护层的分格缝留置应符合设计要求，水泥砂浆、块材或细石混凝土保护层与涂膜防水层间应设置隔离层；

④涂膜防水层的收头应用防水涂料多遍涂刷或用密封材封严。

3）检查方法：

主要采用观感检查、资料检查、尺量、雨后或淋水检查。

（3）瓦屋面工程

1）重点检查：

①平瓦和脊瓦的出厂合格证或质量检验报告；

②平瓦必须铺置牢固，地震设防地区或坡度大于50%的屋面应采取固定加强措施；

③油毡瓦所用固定钉必须钉平、钉牢，严禁钉帽外露油毡瓦表面；

④金属板材的连接和密封处理必须符合设计要求，不得有渗漏现象；

⑤隐蔽验收记录。

2）一般检查：

①平瓦屋面、种植瓦屋面、金属板材屋面与立墙及突出屋面结构等交接处，均应做泛水处理；

②挂瓦条应分档均匀，铺钉平整、牢固，瓦面平整，行列整齐，搭接紧密，檐口平直；

③油毡瓦的铺设方法应正确，油轨瓦之间的对缝，上下层不得重合；

④金属板材屋面应安装平整，固定方法正确，密封完整，排水坡度应符合设计要求；

⑤瓦屋面施工节点图。

3）检查方法：

主要采用观感检查、资料检查、尺量或雨后或淋水检查。

（4）隔热屋面工程

1）重点检查：

①架空隔热制品的质量必须符合设计要求，严禁有断裂和露筋等缺陷；

②蓄水屋面防水层施工必须符合设计要求，不得有渗漏现象；

③种植屋面防水层施工必须符合设计要求，不得有渗漏现象；

④隐蔽验收记录。

2）一般检查：

①架空隔热制支座底面的卷材、涂膜防水层上应采取加强措施，操作时不得损坏已完工的防水层；

②每个蓄水区的防水混凝土应一次浇筑完毕，不得留施工缝；

③种植屋面挡墙泄水孔的留设必须符合设计要求，并不得堵塞；

④功能试验记录（淋水、蓄水）。

3）检查方法：

主要采用观感检查、资料检查、尺量、雨后或淋水检查。

4.装饰装修工程

（1）样板间

1）重点检查：

①参建各方对样板间的检查评定；

②门窗、地面、墙面、顶棚、涂料、油漆等施工质量、效果标准是否符合图纸、合同和规范要求；

③水暖、空调、电气设备安装工程是否符合设计和规范要求。

2）一般检查：

①样板间应按图纸和合同要求，施工完毕；

②各项施工所用材料及采用的工艺标准是否符合图纸和合同要求；

③装修材料有害物质检测报告；

④检验记录。

3）检查方法：

对照图纸及洽商和规范要求检查。

（2）装饰装修

1）重点检查：

①建筑装饰装修工程必须进行设计，并出具完整的施工图设计文件；

②建筑装饰装修材料应有产品合格证书、中文说明书及相关性能的检测报告，进口产品应按规定进行商品检验；

③建筑装饰装修工程所用材料应符合国家有关建筑装饰装修材料有害物质限量标准的规定，应按设计要求进行防火、防腐和防虫处理，严禁使用明令淘汰的材料；

④建筑外门窗的安装必须牢固，在砌体上安装门窗严禁用射钉固定；

⑤室内外装饰装修工程施工的环境条件应满足施工工艺的要求，施工环境温度不低于5℃；

⑥护栏高度、栏杆间距、安装位置必须符合设计要求。护栏安装必须牢固；

⑦建筑装饰装修工程施工中，严禁违反设计文件擅自改动建筑主体、承重结构或主要使用功能；

⑧隐蔽工程验收记录。

2）一般检查：

①门窗应开启灵活、关闭严密、无倒翘；

②吊顶的吊杆、龙骨的材质、规格、安装间距及连接方式应符合设计要求，安装必须牢固，重型灯具、电扇及其他重型设备严禁安装在吊顶工程的龙骨上；

③隔墙板材安装必须牢固，现制钢丝网水泥隔墙与周边墙体的连接方法应符合设计要求，隔墙板材所用接缝材料的品种及接缝方法应符合设计要求；

④饰面板安装工程的预埋件（或后置埋件）、连接件的数量、规格、位置、连接方法和防腐处理必须符合设计要求，后置埋件的现场拉拔强度必须符合设计要求；

⑤地砖、大理石、花岗岩板材与下一层应黏结牢固、无空鼓，表面应平整洁净、图案清晰、色泽一致，接缝平整均匀，无裂纹、无掉角和缺棱等缺陷；

⑥饰面砖表面应平整、洁净、色泽一致，无裂痕、无裂缝、无空鼓，阴阳角处搭接方式、非整砖使用部位应符合设计要求；

⑦涂料涂饰工程应涂饰均匀、黏结牢固，不得漏涂、透底、起皮掉粉或反锈；

⑧裱糊后各幅拼接应横平竖直，拼接处花纹、图案应吻合，不离缝，不搭接，不显拼缝，粘贴牢固，无胶迹；

⑨软包工程的龙骨、衬板、边框应安装牢固，无翘曲，拼缝应竖直，软包工程表面应平整、洁净，无凹凸不平及皱折，图案应清晰、无色差，整体应协调美观；

⑩木质地板下的木格横、垫木、毛地板等采用的木材、品种、含水率、防虫处理均应符合规范要求，木格珊应安装牢固；当地面采用地毯或织物卷材时，其铺设应平服，拼缝处粘贴牢固，图案吻合，无皱裙、翘边、起鼓现象。

3）检查方法：

观感检查、尺量、资料检查。

（3）幕墙

1）重点检查：

①幕墙工程所用各种材料、五金配件、构件及组件的产品合格证书、性能检测报告、进场验收记录和复验报告；

②幕墙工程所用硅酮结构胶的认定证书和检查合格证明，进口硅酮结构胶的商检证，国家指定检测机构出具的硅酮结构胶相容性和剥离黏结性试验报告；石材用密封胶的耐污染性试验报告；

③隐框、半隐框幕墙所采用的结构黏结材料必须是中性硅酮结构密封胶，硅酮结构密封胶必须在有效期内使用；

④玻璃幕墙使用的玻璃应符合规范要求，玻璃幕墙应无渗漏；

⑤抗风压性能、空气渗透性能、雨水渗透性能及平面变形性能检测报告；

⑥幕墙的防雷装置必须与主体结构的防雷装置连接可靠，查看防雷装置记录；

⑦隐蔽工程验收记录。

2）一般检查：

①幕墙的金属框架与主体结构预埋件的连接、立柱与横梁的连接及幕墙面板的安装必须符合设计要求，安装必须牢固；

②安装明框玻璃幕墙时，玻璃与构件不得直接接触，玻璃四周与构件凹槽底部应保持一定的空隙，每块玻璃下部应至少放置两块宽度与槽口宽度相同、长度不少于100mm弹性定位垫块；玻璃两边嵌入量及空隙应符合设计要求；

③高度超过4m的全玻璃幕墙应吊挂在主体结构上，吊夹具应符合设计要求；

④后置埋件的现场拉拔强度检测报告；

⑤主体结构与幕墙连接的各预埋件，其数量、规格、位置和防腐处理必须符

合设计要求；

⑥幕墙的伸缩缝、沉降缝、防震缝及阴阳角和封口安装；

⑦石材幕墙的造型、立面分格、颜色、光泽、花纹和图案应符合设计要求。

3）检查方法：

资料检查、观感检查。

5.建筑给水排水及采暖工程

（1）检查内容

屋面水箱间、（非）标准层、设备层（间）、各管路系统。

（2）重点检查

1）各管路系统布置情况；

2）材料、设备选用情况；

3）固定措施（绝对不可影响结构安全）；

4）管路连接与设备安装（焊接基本要求）；

5）防腐、保温与防潮；

6）功能检查（通、排水能力；严密程度；阀门及设备的开启灵活程度等）。

（3）一般检查

1）对于相关使用功能的影响；

2）噪声。

6.通风与空调工程

（1）重点检查

1）制冷机房及新风机房，主要设备及其管道、风管的安装质量；

2）冷冻水管道穿墙、楼板做法及吊顶封闭前管道保温层施工质量；

3）吊顶前，风机盘管及其冷凝水管道安装质量；

4）防、排烟系统所选用的材料及安装质量；

5）风管系统严密性抽测记录；

6）设备单机试运转记录；

7）系统无生产负荷联合试运转与调试记录；

8）分部（子分部）工程质量验收记录；

9）观感质量综合检查记录；

10）安全和功能检验资料的核查记录。

（2）一般检查

1）制冷机房、新风机房、泵房、水箱间及主要空调房间；

2）通风机、制冷机、水泵、风机盘管、冷却塔的安装应正确、牢固；

3）明装风管表面应平整，无损坏，风管的连接以及风管与设备或调节装置的连接无明显缺陷；

4）风口表面应平整，安装位置正确，风口可调节部位应能正常动作；

5）各类调节装置的制作和安装应正确牢固，调节灵活，操作方便，防火及排烟阀关闭严密，动作可靠；

6）制冷及水管系统的管道、阀门及仪表安装质量；

7）风管、部件及管道的支、吊架形式、位置及间距；

8）风管、管道的软性接管位置及安装质量；

9）绝热层的材质、厚度应符合设计要求，表面平整、无断裂和脱落，室外防潮层或保护壳应顺水搭接，无渗漏；

10）图纸会审记录，设计变更通知书；

11）主要材料、设备、成品、半成品和仪表的出厂合格证明文件及进场检（试）验报告；

12）隐蔽工程检查验收记录，管道试验记录；

13）工程设备、风管系统、管道系统安装及检验记录。

（3）检查方法

1）根据工程的概况、特点及设计要求，制定检查计划书中该分部工程质量检查的内容，确定重点检查的部位及项目；

2）该分部（子分部）工程采取重点检查和日常随机检查相结合的方式；

3）重点检查的部位及项目采用检查工程资料和实体抽测的检查方法；

4）日常随机检查的部位及项目以检查工程资料和实体目测为主，辅以尺量的检查方法。

7. 建筑电气工程

（1）接地装置、等电位及防雷系统

1）重点检查：

①接地装置、等电位（均压环）及防雷引线隐蔽工程记录；

②接地装置、接地电阻摇测记录。

2）一般检查：

①自然接地装置埋设、土质及夯实情况；

②接地系统焊接质量。

3）检查方法：

接地及防雷保护系统安装敷设的检查工作应在土建工程的地基、结构工程时开始进入检查状态。

（2）配管、配线及桥架安装与电缆敷设

1）重点检查：

①电缆、电线生产厂家认证资质；

②电缆、电线生产厂家试验报告及合格证；

③施工单位绝缘摇测记录。

2）一般检查：

①施工单位安装桥架牢固程度及跨接、接地情况；

②使用电气导管材质（塑料管）；

③电缆、电线标识；

④导线接线可靠情况。

3）检查方法：

电气工程该工序是随土建结构工程或结构工程尾期进行，所以应把握时机。

（3）硬裸母线、插接式封闭母线槽

1）重点检查：

①系列段型式试验报告；

②出厂试验报告及合格证。

2）一般检查：

外观、附件、表面处理、标签、专用接地螺栓、导体规格、截面、接头搭接面、防潮密封等。

3）检查方法：

该分项工程检查可采用目测与尺测相结合的方法。

（4）成套配电柜、控制柜和动力、照明箱、盘安装

1）重点检查：

①生产厂家生产许可合法性，即厂家生产资质证书；

②产品出厂试验报告；

③产品合格证。

2）一般检查：

①闸具、器件认证有效合法性；

②照明箱漏电保护开关是否符合要求；

③安装接线是否正确、牢固；

④带电裸露导体防护是否齐全、安全；

⑤器件裸露导体安全距离、爬电距离是否符合要求；

⑥元件交接试验。

3）检查方法：

该安装工序的检查工作，一般应在安装过程中或安装工作进入收尾，送电之前时进行。主要方法为目测、尺量，而照明箱中的漏电保护器是否安全有效，直接关系到使用中的安全，故应按比例实际抽检。

（5）低压电机及电动执行机构

1）重点检查：

低压电机、电气设备的合格证及出厂试验报告。

2）一般检查：

①低压电机接线情况；

②电动机执行机构匹配、动作情况；

③电阻测试，手动操作，试运行。

3）检查方法：

该工序的检查工作可在设备安装过程中和设备送电运行后进行，其方法主要依靠查阅随机文件和观察。

（6）照明器具、开关插座安装

1）重点检查：

①生产厂家认证证书有效、合法性；

②出厂（定型、型式）试验报告；

③产品合格证；

④施工（安装）单位安全通电检查记录。

2）一般检查：

产品安全认证标识。

3）检查方法：

照明器具和开关插座的安装是在装饰工程墙面粉刷后进行，电气工程检查工作应把握时机，在安装过程中，四方竣工验收前进行质量检查控制，不能形成永久性质量缺陷。检查方法有审查资料、简单科学判定、使用仪器测试，如有疑义亦可送法定检测单位检测。

（7）电气设备调试

1）重点检查：

①调试方案和调试作业指导书的审批文件；

②动力、照明调试记录。

2）一般检查：

电气设备运行情况。

3）检查方法：

调试工作是在安装工作完成后进行。观察电机运行是否平稳，有无异常噪声，启动设备、接触器、维电器吸合是否紧密，运行电流、电压是否正常。

2.12 巡视

2.12.1 巡视定义

巡视是指项目监理机构监理人员对施工现场进行定期或不定期的检查活动。巡视检查是项目监理机构对实施建设工程监理的重要方式之一，是监理人员针对施工现场进行的日常检查。

2.12.2 巡视的作用

巡视是监理人员针对施工现场施工质量和施工单位安全生产管理情况进行的检查工作，监理人员要通过巡视检查能够及时发现施工过程中出现的各类质量、安全问题，对于不符合要求的情况及时要求施工单位进行纠正并督促整改，使问题消灭在萌芽状态。

2.12.3 巡视的内容

在监理过程中，监理人员应按照监理规划及监理实施细则中规定的频次进行现场巡视，巡视检查内容以现场施工质量、安全生产事故隐患为主，且不限于工程质量、安全生产方面的内容。

（1）施工单位是否按照工程设计文件、工程建设标准和批准的施工组织设计、（专项）施工方案施工。施工单位必须按照工程设计图纸和施工技术标准施工，不得擅自修改工程设计，不得偷工减料。

（2）使用的工程材料、构配件、设备是否合格，工程中不得使用不合格的原材料、构配件和设备，只有经过复试检测合格后方可使用。

（3）施工管理人员，特别是施工质量管理人员、安全管理人员是否到位，是否履职尽责。

（4）特种作业人员是否持证上岗，安全技术措施、安全防护措施是否到位，有无违章作业。

（5）危险性较大的分部分项工程施工情况，重点关注是否按照专项施工方案施工。

（6）大型起重机械和自升式架设设施运行情况。

（7）施工临时用电安全情况。

（8）施工现场存在的事故隐患，以及项目监理机构通知单、整改指令等整改实施情况。

（9）项目监理机构签发的工程暂停令执行情况。

2.12.4 巡视检查要点

（1）巡视检查原材料、构配件

1）施工现场原材料、构配件的采购和堆放是否符合施工组织设计要求；

2）施工现场原材料、构配件的规格型号等是否符合设计要求；

3）施工现场原材料、构配件是否已经按照程序报验并允许使用；

4）有无使用不合格材料，有无使用质量合格证明资料欠缺的材料。

（2）巡视检查施工人员

1）施工现场管理人员，尤其是质量员、安全员等关键岗位人员是否到位，能否确保各项管理制度和质量保证体系的落实；

2）特种作业人员是否持证上岗，人证是否相符，是否进行了技术交底并有记录；

3）现场施工人员是否按照规定正确佩戴安全防护用品，现场安全设施是否到位且无隐患。

（3）巡视检查基坑土方开挖工程

1）是否具备各项开挖条件，开挖前准备工作是否到位；

2）土方开挖的方法、顺序是否符合设计要求；

3）土方开挖是否采取分层、分区进行，挖土层高和开挖面放坡坡度是否符合要求，垫层混凝土的浇筑是否及时；

4）基坑坑边和支撑上的堆放荷载是否在允许范围之内，是否存在隐患；

5）挖土机械有无碰撞和损失基坑围护、支撑结构、工程桩、降压井现象；

6）每道支撑上安全通道和临边防护的搭设是否及时，是否符合要求；

7）挖土机械工作时，有无违章作业、冒险作业，有无专人指挥。

（4）巡视检查砌体工程

1）基础基层是否清理干净，是否按照要求找平；

2）砌体中有无"碎砖"集中使用和外观质量不合格的块材使用情况；

3）墙体拉结筋型式、规格、尺寸、位置是否正确，砂浆饱满度是否合格，灰缝厚度是否超标，有无透明缝、"瞎缝"和"假缝"；

4）墙体上的施工洞口，工程需要的预埋、预留等是否有遗漏情况。

（5）巡视检查钢筋工程

1）钢筋有无锈蚀、被隔离剂和淤泥等污染现象；

2）钢筋搭接长度、位置、连接方式是否符合设计规范要求，搭接区是否按照要求进行加密；

3）对于梁柱或者梁梁交叉部位有无主筋被截断，箍筋被漏放现象；

4）垫块规格、尺寸、摆放位置是否符合要求，强度是否符合施工需要，有无用木块、大理石等替代混凝土试块现象。

（6）巡视检查模板工程

1）模板安装和拆卸是否符合施工组织设计的要求，支模前隐蔽工程已经验收合格；

2）模板有无变形损坏，拼接是否严密，安装是否牢固；

3）模板是否清理干净，是否已经涂刷隔离剂；

4）拆模之前是否按照程序和要求向项目监理单位报审并签字，有无违章冒险行为；

5）模板捆扎、吊运、堆放是否符合要求。

（7）巡视检查混凝土工程

1）采用商品混凝土时，是否留着标养与同养试块，是否现场检查混凝土的坍落度、和易性、配合比等；

2）现浇混凝土结构构件的保护是否符合要求；

3）构件拆模后，外观尺寸偏差是否在允许范围内，有无质量缺陷，缺陷处理是否符合要求；

4）现浇构件的养护措施是否有效、可行、及时。

（8）巡视检查钢结构工程

1）安装条件是否具备，施工工艺是否合理并符合相关规定；

2）钢结构零部件加工条件是否合格；

3）钢结构原材料及零部件的加工、焊接、组装、安装以及涂刷质量是否符合设计文件和相关标准要求。

（9）巡视检查屋面工程

1）屋面底部是否平整坚固、清理干净；

2）防水卷材搭接部位、宽度、施工顺序、施工工艺是否符合要求；

3）防水卷材收头、节点、细部处理是否合格；

4）屋面块材搭接、敷贴质量情况，有无损坏现象。

（10）巡视检查装饰装修工程

1）基层处理是否合格，施工工艺是否符合要求；

2）需要进行隐蔽的部位和内容是否已经按照程序报验并通过验收；

3）细部制作、安装、涂饰等是否符合设计要求和相关规定；

4）各专业之间工序穿插是否合理，有无相互污染、相互损坏现象。

（11）巡视检查安装工程

1）是否按照规范、规程、设计图纸、图集和批准的施工组织设计施工；

2）是否有专人负责，施工是否正常。

（12）巡视检查施工环境

1）施工环境和外部条件是否对工程质量安全造成不利影响，施工单位是否已经采取相应措施；

2）各种基准点、控制桩、监测点保护是否正常，有无被压损现象；

3）季节性天气中，工地是否采取了相应的季节性施工措施。

2.12.5 巡视发现问题的处理

监理人员在巡视检查中发现问题，应及时采取处理措施。

巡视监理人员认为发现的问题自己无法解决或者无法判断是否能够解决时，应立即向专业监理工程师、总监理工程师汇报。

巡视监理人员要及时、准确、真实记录巡检情况，记入巡视检查表中。

对巡视检查发现的质量问题、安全隐患督促施工单位整改落实，并将处理情况、整改情况记录巡视检查表中。

巡视检查记录表归档时，注意巡视检查记录必须与监理日志、监理通知单等其他监理资料一致，相互呼应。

2.13 旁站

2.13.1 旁站的定义

旁站是指项目监理机构对工程的关键部位或关键工序的施工质量进行的督促活动。

凡在中华人民共和国境内从事建设工程施工阶段监理活动的，必须实行旁站监理。旁站监理是指监理单位的监理人员在施工现场对建设工程关键部位或关键工序的施工过程进行的督促管理活动。

2.13.2 旁站监理的依据

（1）建设工程相关法律、法规；

（2）相关技术标准、规范、规程、工法；

（3）建设工程承包合同文件、委托监理合同文件；

（4）经批准的设计文件、施工组织设计、监理规划和旁站监理方案。

2.13.3 旁站工作程序

（1）开工前，项目监理机构应根据工程特点和施工单位报送的施工组织设计，确定旁站的关键部位、关键工序，并书面通知施工单位；

（2）项目监理机构应根据监理规划编制旁站监理工作方案，明确旁站监理人员及职责、工作内容和程序、工程部位或工序，报送建设单位的同时通知施工单位；

（3）施工单位在需要实施旁站的关键部位、关键工序进行施工的24小时内，书面通知项目监理机构；

（4）接到施工单位书面通知后，项目监理机构应当在预定时间内安排旁站人员实施旁站；

（5）凡是旁站监理人员未在旁站记录上签字，不得进行下一道工序施工。

2.13.4 旁站监理工作内容

（1）是否按照技术标准、规范、规程和批准的设计文件、施工组织设计施工；

（2）是否使用合格的材料、构配件和设备；

（3）施工单位有关现场管理人员、质检人员是否在岗；

（4）施工操作人员的技术水平、操作条件是否满足施工工艺要求，特殊操作人员是否持证上岗；

（5）施工环境是否对工程质量产生不利影响；

（6）施工过程是否存在质量和安全隐患。对施工过程中出现的较大质量问题或隐患，旁站监理人员应采用照相、摄像等手段予以记录。

2.13.5 旁站的作用

（1）旁站是建设工程监理工作中用以督促工程质量的一种手段，能够及时发现问题、第一时间采取措施、防止偷工减料、确保施工工艺按照施工方案进行、避免其他干扰正常施工的因素发生等作用；

（2）对关键部位、关键工序的施工进行重点控制，直接关系到建设工程整体质量能否达到设计标准要求以及能否实现建设单位的期望；

（3）旁站与监理工作中其他方法手段结合使用，成为工程质量控制工作中相当重要和必不可少的工作方法。

2.13.6 旁站工作职责

旁站人员的主要工作职责包括但不限于以下内容：

（1）检查施工单位现场质量管理人员到岗、特种作业人员持证上岗以及施工机械、建筑材料准备情况；

（2）现场督促施工方案在关键部位、关键工序施工中落实执行情况以及工程建设强制性标准执行情况；

（3）检查进场建筑材料、建筑构配件、设备和商品混凝土的质量检验报告等，并可在现场督促施工单位进行检验或者委托具有资格的第三方进行复验；

（4）做好旁站记录和监理日志，保存旁站原始资料，旁站记录内容应真实、准确并与监理日志相吻合。

2.13.7 应实行旁站监理的部位或工序

（1）基础工程：桩基工程、沉井过程、水下混凝土浇筑、承载力检测、独立基础框架结构、基础土方回填；

（2）结构工程：混凝土浇筑、施加预应力、施工缝处理、结构吊装；

（3）钢结构工程：重要部位焊接、机械连接安装；

（4）设备进场验收测试、单机无负荷试车、无负荷联动试车、试运转、设备安装验收、压力容器等；

（5）隐蔽工程的隐蔽过程；

（6）建筑材料的见证取样、送样；

（7）新技术、新工艺、新材料、新设备试验过程；

（8）建设工程委托监理合同规定的应旁站监理的部位和工序。

2.14 平行检验

2.14.1 平行检验定义

平行检验是指监理机构受建设单位的委托，在施工单位自检的基础上，按照一定的比例，对工程项目进行独立检查和验收。

2.14.2 平行检验的几层含义

（1）平行检验实施者必须是项目监理机构；

（2）项目监理机构实施的平行检验必须是在承包单位自检合格的基础上进行；

（3）平行检验的检查或检测活动必须是监理机构独立进行的；

（4）平行检验的检查或检测活动必须是按照一定比例进行的。

2.14.3 平行检验的内容

（1）工程实体量测（检查、试验、检测）；

（2）材料检验。

2.14.4 平行检验的方法

（1）一般可分为三类，即目测法、检测工具量测法以及试验法。上述方法不但是施工单位进行自检的方法，同样它也是监理机构进行平行检验的主要方法；

（2）目前，现场监理在履行平行检验职责时，大多使用以下几种方法：

1）实测法，即采用必要的检测手段对实体进行几何尺寸测量、测试或对抽取的样品进行检验，测定其质量性能指标。

2）分析法，即对检测所得数据进行整理、分析，找出规律。

3）判断法，根据分析的结果判断该作业活动效果是否达到了规定的质量标准。如果未达到，应找出原因。

4）纠正法，如果作业质量不符合标准规定，应采取措施纠正；如果质量符合要求则予以确认。重要的工程部位、工序和专业工程，或监理工程师对承包单位的施工质量状况未能确认者，以及主要材料、半成品、构配件的使用等，还需由监理人员亲自进行现场验收试验或技术复核。

2.14.5 平行检验程序

（1）平行检验工作贯穿于各项监理工作之中，不管是施工单位的材料、构配件、设备的进场验收，还是施工单位的施工作业活动验收，监理机构均要进行平行检验工作。

（2）在承包单位按照规定进行自检后，应向监理工程师提交"报验申请表"，监理工程师收到通知后，应在合同规定的时间内及时对其质量进行检查，确认其质量合格后予以签认验收。

2.14.6 平行检验重要作用

（1）它是对同一批检验项目的使用性能、安全功能等在规定的时间内进行的二次检查验收。

（2）它是在见证取样或施工单位委托检验的基础上进行的平行检验，以使检验、检测结论更加真实、可靠。

（3）平行检验的资料是竣工验收资料的重要组成部分，是工程质量预验收和工程竣工验收的重要依据之一。

（4）平行检验是项目监理机构在施工阶段质量控制的重要工作之一。

2.15 见证取样

2.15.1 见证取样定义

见证取样是指项目监理机构对施工单位进行的涉及结构安全的试块、试件及工程材料现场取样、封样、送检工作的督促活动；见证人员必须取得《见证员证书》，承担建设单位所授权工程的见证工作。

2.15.2 见证取样程序

1.一般规定

（1）项目监理机构应根据工程的特点和具体情况，制定工程见证取样送检工作制度，将材料进场报验、见证取样送检的范围、工作程序、见证人员和取样人员的职责、取样方法等纳入监理实施细则。

（2）工程项目施工前，由施工单位和监理单位共同对见证取样的检测机构进行考察确定。对于施工单位提出的试验室，专业监理工程师要进行实地考察，试验室要具有相应的资质，经国家法定计量部门出具的计量证明，试验主管部门认证，试验人员资质证书，试验项目满足工程需要，试验室出具的报告对外具有法定效果，制止出具只对试件（来样）负责的检测报告，保证建设工程质量检测工作的科学性、公正性、准确性。

（3）项目监理机构要将选定的试验室报送负责本项目的质量督促机构备案并得到认可，同时要将项目监理机构中负责见证取样的专业监理工程师在该质量督促机构备案。

2.工作程序

（1）施工单位在原材料、构配件、设备等进场后，及时通知负责见证的专业监理工程师，在专业监理工程师的现场督促下，施工单位按照规范要求完成取样过程。

（2）检测单位在接受委托检验任务时，必须提供送检单位填写的委托单，负责见证的监理工程师在检测委托单上填写见证人单位、见证人证号并签名。

（3）建立取样送检、检测报告台账，及时掌握试验结果，试验室的检测报告是质量评定的重要依据，必须归档保存。

3.注意事项

（1）试验报告应电脑打印；

（2）试验报告采用统一用表；

（3）试验报告签名一定要手签；

（4）试验报告应有"见证检验专用章""CMA"印章统一格式；

（5）注明见证人的姓名、证号。

2.15.3 见证监理人员工作内容和职责

（1）总监理工程师应督促专业监理工程师制定见证取样实施细则，细则中应包括材料进场报验、见证取样送检的范围、工作程序、见证人员和取样人员的职责、取样方法等内容。

（2）见证取样监理人员应根据见证取样实施细则要求，按照程序实施见证取样工作，包括现场见证、按照取样方法指导取样人员随机取样、试件制作方法等。

（3）对试样进行监护、封样加锁或者亲自送检。

（4）在检验委托书签字，并出示见证员证书。

（5）协助建立包括见证取样送检计划、台账等在内的见证取样档案。

（6）总监理工程师应检查监理人员见证取样工作实施情况，包括现场检查和资料检查，同时听取监理人员汇报，发现问题应立即要求施工单位采取相应措施或者整改。

2.16 工程质量事故（缺陷）处理

2.16.1 工程质量事故（缺陷）概念

1.质量不合格

根据我国2008版ISO 9000族质量管理体系标准的规定，凡工程产品没有满足某个规定的要求，就称之为质量不合格；而没有满足某个预期使用要求或合理期望的要求，称为质量缺陷。

2.质量问题

所有的不符合质量要求和工程质量不合格的情况，必须进行返修、加固或报废处理，由此造成直接经济损失低于5000元的称为质量问题。

3.质量事故

凡是工程质量不合格，必须进行返修、加固或报废处理，由此造成直接经济损失在5000元以上的成为质量事故。

2.16.2 质量事故分类

建设工程质量事故的分类方法有多种，既可按造成损失严重程度划分，又可按其产生的原因划分，也可按其造成的后果或事故责任区分。

国家现行对工程质量通常采用按造成损失严重程度进行分类，其基本分类如下：

1.按事故造成损失程度分级

（1）特别重大事故

是指造成30人以上死亡，或者100人以上重伤，或者1亿元以上直接经济损失的事故。

（2）重大事故

是指造成10人以上30人以下死亡，或者50人以上100人以下重伤，或者5000万元以上1亿元以下直接经济损失的事故。

（3）较大事故

是指造成3人以上10人以下死亡，或者10人以上50人以下重伤，或者1000万元以上5000万元以下直接经济损失的事故。

（4）一般事故

是指造成3人以下死亡，或者10人以下重伤，或者100万元以上1000万元以下直接经济损失的事故。

（"以上"包括本数，"以下"不包括本数。）

2.按事故责任分类

（1）指导责任事故

指由于工程指导或领导失误而造成的质量事故。

（2）操作责任事故

指在施工过程中，由于操作者不按规程或标准实施操作，而造成的质量事故。

（3）自然灾害事故

指由于突发的严重自然灾害等不可抗力造成的质量事故。

3.按质量事故产生的原因分类

（1）技术原因引发的事故

指在工程项目实施中，由于设计、施工在技术上的失误造成的质量事故。

（2）管理原因引发的事故

指在管理上的不完善或失误引发的质量事故。

（3）社会经济原因引发的事故

指由于经济因素及社会上存在的弊端和不正之风导致建设中的错误行为，而造成的质量事故。

2.16.3　工程质量事故（缺陷）处理的基本程序

项目监理机构发现施工存在质量问题的，或施工单位采用不适当的施工工艺，或施工不当，造成工程质量不合格，应及时签发监理通知单，要求施工单位整改。整改完毕后，项目监理机构应根据施工单位报送的监理通知回复单对整改情况进行复查，提出复查意见。监理通知单应按《建设工程监理规范》GB 50319—2013表格A.0.3的要求填写，监理通知回复单应按《建设工程监理规范》GB 50319—2013表B.0.9的要求填写。

对需要返工处理或加固补强的质量事故，项目监理机构应要求施工单位报送质量事故调查报告和经设计等相关单位认可的处理方案，并对质量事故的处理过程进行跟踪检查，对处理结果进行验收。

项目监理机构应及时向建设单位提交质量事故书面报告，并应将完整的质量事故处理记录整理归档。

2.16.4　工程质量事故（缺陷）处理的要求

（1）处理应达到安全可靠、不留隐患、满足生产和使用要求、施工方便、经济合理的目的；

（2）重视消除事故原因；

（3）注重综合治理；

（4）正确确定处理范围；

（5）正确选择处理时间和方法；

（6）加强事故处理的检查验收工作；

（7）认真复查事故的实际情况；

（8）确保事故处理期的安全。

2.17 新材料、新工艺、新技术、新设备的审查

2.17.1 新材料、新工艺、新技术、新设备的定义

"新技术、新设备、新工艺、新材料"简称为"四新"。因为技术不断发展，所谓的"新"肯定是一个相对概念，而且建筑行业鱼龙混杂、水平参差不齐，所以有必要对"新"来一个程度上的区分。

全新的，尚在研发阶段，或者第一批开始工程实践的，找不到现成的参考资料、技术标准，边研究边施工的，这肯定是属于"四新"。新闻报道中提到的"填补空白"之类的技术就是这一类。

次新的，技术上已经成熟，但还没有形成成熟产业，有少量工程试行，这也是属于"四新"。通常需要项目上专门研究和引进，不是哪个队伍都能做出来的。

推广四新的，属于行业前沿（或者国内前沿）的"四新"，一般已经有了行业标准，通常由行业主管部门或者行业协会发文推广，我们在工程实践中看到最多的就是这一类。这类"四新"已经没有学术上的价值，主要是为了提高全行业技术水平而进行推广应用。在建筑行业，主管部门和行业协会每年都会发布更新版本的"四新"目录，明确哪些是"四新"范围内的。也许这就是主题想要的"定义"依据。

最后一类，就是在行业中已经不算多么的新，但是对于本单位、本项目来说，是第一次应用，需要事前进行论证，成立技术小组，研究引进该项技术，克服一定的困难才能确保顺利应用。这一类也可以算作施工单位认定的"四新"。

2.17.2 新材料、新工艺、新技术、新设备审查的监理工作程序

（1）承包单位采用表《监理工作联系单》向监理单位提出"四新"采用的请求，并附上相应的施工工艺措施和证明材料。

（2）监理单位接到承包单位的申请后，总监理工程师应组织专业监理工程师对承包单位的要求及附件进行审查，组织专题论证，经总监理工程师审定后予以回复。

（3）专业监理工程师应采用表《监理工程师通知单》回复承包单位是否同意采用的意见。如同意采用，应向承包单位提出编报施工方案的要求。

（4）承包单位接到监理工程师同意采用的指令后，编制"四新"采用的施工方案，向监理单位提交《施工组织设计（方案）报审表》。

（5）监理单位收到承包单位报送的《施工组织设计（方案）报审表》后，按

《施工组织设计（方案）》报审的处理程序进行处理。

（6）承包单位向监理单位提交材料/构件/设备进场的报审，或提交工程报验申请；专业监理工程师按规定的监理工作程序予以受理；涉及分包单位进场作业时，承包单位应进行分包单位资格的报审，监理单位按分包单位进场作业的监理工作程序予以受理。

2.18 单位工程竣工预验收

工程竣工预验收也称工程（含专项工程）竣工初验，属于对专项工程竣工验收、工程竣工验收工作的检查管理行为对房地产企业而言，一般在指专项竣工验收或工程竣工验收前，为了避免验收承包商不严格履行质量管理职责，可能影响验收工作的质量和进度，进行的一种预验收形式的质量验收。

按照建筑主管部门规定，先是由监理单位组织相关各施工单位（总、分包）进行预验收，预验收合格后，再由建设单位组织各责任主体进行竣工验收。

工程竣工预验收阶段，往往根据计划组织情况，穿插进行专项工程竣工验收（与传统工程管理要求不同）。

2.18.1 竣工预验收人员

根据《建筑工程施工质量验收统一标准》GB/T 50300—2013第6.0.5条："单位工程完工后，施工单位应组织有关人员进行自检。总监理工程师应组织各专业监理工程师对工程质量进行竣工预验收。存在施工质量问题时，应由施工单位整改。整改完毕后，由施工单位向建设单位提交工程竣工报告，申请工程竣工验收。"

工程预验收由项目总监理工程师主持，监理单位有关部门、施工单位、项目监理机构参加，也可以邀请建设单位、设计单位参加，如有必要时可以邀请质量督促机构参加，目的是更好地发现问题、解决问题，为工程正式竣工验收创造条件。

2.18.2 竣工预验收相关要求

1.预验收前

施工单位应在完成单位工程施工内容并对检查结果进行评定，达到预竣工验收条件时，向项目监理机构提交《单位工程竣工预验收报审表》（表B.0.10）。

2.监理单位审查施工单位具备工程竣工预验收的条件

（1）完成建设工程施工合同约定的各项内容；

（2）具有完整的技术档案和施工管理资料；

（3）具有工程使用的主要建筑材料、建筑构配件和设备进场试验报告；

（4）具有勘察、设计、施工、工程监理等单位分别签署的质量证明文件；

（5）具有施工单位签署的工程保修书。

3. 工程竣工质量验收资料

能够证明工程按合同约定完成并符合竣工验收要求的全部资料，包括各分部（子分部）工程验收记录、单位（子单位）工程质量控制资料核查记录、单位（子单位）工程安全和功能检验资料核查及主要功能抽查记录、单位（子单位）工程观感质量检查记录表等。

4. 监理审查施工单位子单位（专项）工程竣工验收资料

（1）工程项目规划验收资料；

（2）人防工程验收资料；

（3）消防工程验收资料；

（4）电力（强电）工程验收资料；

（5）燃气工程验收资料；

（6）热力工程验收资料；

（7）给水、排水工程验收资料；

（8）电信（弱电）工程验收资料；

（9）交通设施工程验收资料；

（10）园林绿化工程验收资料；

（11）环境保护管理部门要求落实的资料；

（12）文物保护管理部门要求落实的资料；

（13）河湖管理部门要求落实的资料；

（14）工程结算书。

5. 监理审查施工单位上报的工程竣工预验收计划

（1）验收依据

1）国家现行有关法律、法规、规章和技术标准；

2）经批准的基建、用地、勘察、测绘、设计文件；

3）经批准的设计文件及相应的工程变更文件；

4）施工图纸及主要设备技术说明书等；

5）合同文件（设计、施工、监理、材料采购等）；

6）现行行业规程、规范及技术标准；

7）其他。

（2）组织机构

竞工预验收主要技术负责人，质量验收、资料验收等分组情况，邀请的参建单位及相关主管单位情况。

（3）预验收主要内容及程序

听取项目法人总体工程施工情况报告；现场检查工程建设情况及查阅有关工程建设资料；审阅工程质量抽样检测报告等。

工程竣工预验收分成质量验收、资料验收等专业组，分组讨论并形成验收意见，在此基础上形成竞工预验收报告。

（4）预验收时间安排、会议地点、会议形式内容等。

6.监理注意事项

（1）审查施工单位上报的《单位工程竣工验收报审表》签字盖章是否齐全；

（2）检查施工单位是否具备工程预验收条件；

（3）专业监理工程师分成质量验收、资料验收等专业组，明确组长、成员责任，进行必要的准备；

（4）明确会议纪要记录人员，准备会议参会人员签到表；

（5）工程预验收准备工程情况必须在监理日记、日志中详细记录。

2.18.3 预验收过程

（1）总监理工程师组织召开工程预验收会议。

（2）总监理工程师组织专业监理工程师，依据有关法律、法规、工程建设强制性标准、设计文件及施工合同，对工程实体质量情况及竞工资料进行全面检查。

（3）对于在预验收中发现的问题，应要求承包单位及时整改；整改合格后，总监理工程师应签认《单位工程竣工验收报审表》，并督促施工单位做好成品保护和施工现场清理工作，为工程正式竞工验收做好充分准备。

（4）监理注意事项如下：

1）专业监理工程师对资料的审核形成书面审查意见，并在监理日记、日志中详细记录。

2）总监理工程师组织专业监理工程师，对工程实体质量逐项进行检查，检查情况如实记录在监理日记、日志中。

3）项目监理部针对检查中发现的各种问题，对施工单位下发《监理通知单》（表A.0.3）要求限期整改，并跟踪检查落实，整改情况及时记录在监理日记、日志中。

4）《文件收发本》签字记录必须完整。

2.18.4 预验收合格后

（1）工程经竣工预验收合格后，项目监理机构应提出工程质量评估报告，并经总监理工程师和监理单位技术负责人审核签字后报建设单位。

（2）工程质量评估报告应包括以下主要内容：

1）工程概况；

2）工程各参建单位；

3）主要施工方法、施工工艺；

4）工程质量验收情况；

5）工程质量事故及其处理情况；

6）竣工资料审查情况；

7）工程质量评估结论。

（3）监理注意事项包括以下主要内容：

1）总监理工程师应及时组织专业监理工程师编写工程质量评估报告，其内容、格式应符合相关规定及公司作业文件的要求。

2）项目监理部留存签字审批齐全的报告一份，同时报送建设单位一份。

3）监理单位的职能部门全过程参加工程预验收，同时征求建设单位、施工单位等对项目监理部的服务质量的意见和建议，进行满意度调查，并及时向公司领导汇报。

4)《文件收发本》签字记录必须完整。

5）监理工作情况及时记录在监理日记、日志中。

2.19 单位工程竣工验收及备案

2.19.1 竣工验收

根据《建筑工程施工质量验收统一标准》GB/T 50300—2013第6.0.6条："建设单位收到工程竣工报告后，应由建设单位项目负责人组织监理、施工、设计、勘察等单位项目负责人进行单位工程验收。"

工程竣工验收是指建设工程依照国家有关法律、法规及工程建设规范、标准的规定，完成工程设计文件要求和合同约定的各项内容，建设单位已取得政府有关主管部门（或其委托机构）出具的工程施工质量、消防、规划、环保、城建等验收文件或准许使用文件后，组织工程竣工验收并编制完成《建设工程竣工验收报告》。

工程项目的竣工验收是施工全过程的最后一道程序，也是工程项目管理的最后一项工作。它是建设投资成果转入生产或使用的标志，也是全面考核投资效益、检验设计和施工质量的重要环节。

工程竣工验收程序应包括以下主要内容：

（1）工程完工后，施工单位向建设单位提交工程竣工报告，申请工程竣工验收。实行监理的工程，工程竣工报告必须经总监理工程师签署意见（施工单位在工程竣工前，通知质量督促部门对工程实体进行到位质量督促检查）。

（2）建设单位收到工程竣工报告后，对符合竣工验收要求的工程，组织勘察、设计、施工、监理等单位和其他有关方面的专家组成验收组，制定验收方案。

（3）建设单位应当在工程竣工验收7个工作日前，将验收的时间、地点及验收组名单通知负责督促该工程的工程督促机构。

（4）建设单位组织工程竣工验收包括以下主要内容：

1）建设、勘察、设计、施工、监理单位分别汇报工程合同履行情况和在工程建设各个环节执行法律、法规和工程建设强制性标准的情况；

2）审阅建设、勘察、设计、施工、监理单位提供的工程档案资料；

3）查验工程实体质量；

4）对工程施工、设备安装质量和各管理环节等方面作出总体评价，形成工程竣工验收意见，验收人员签字。

参与工程竣工验收的建设、勘察、设计、施工、监理等各方不能形成一致意见时，应报当地建设行政主管部门或督促机构进行协调，待意见一致后，重新组织工程竣工验收。

2.19.2 工程竣工验收必备条件

（1）已完成设计和合同规定的各项内容。

（2）单位工程所含分部（子分部）工程均验收合格，符合法律、法规、工程建设强制标准、设计文件规定及合同要求。

（3）工程资料符合要求。

（4）单位工程所含分部工程有关安全和功能的检测资料完整；主要功能项目的抽查结果符合相关专业质量验收规范的规定。

（5）单位工程观感质量符合要求。

（6）各专项验收及有关专业系统验收全部通过。

由建设单位负责向有关政府行政主管部门或授权检测机构申请各项专业、系统验收：

1）消防验收合格文件；

2）规划验收认可文件；

3）环保验收认可文件；

4）电梯验收合格文件；

5）智能建筑的有关验收合格文件；

6）建设工程竣工档案预验收意见；

7）建筑工程室内环境检测报告。

2.19.3 工程竣工验收备案

根据《建设工程质量管理条例》第四十九条规定："建设单位应当自建设工程竣工验收合格之日起15日内，将建设工程竣工验收报告和规划、公安消防、环保等部门出具的认可文件或者准许使用文件报建设行政主管部门或者其他有关部门备案。"

《房屋建筑和市政基础设施工程竣工验收备案管理办法》（2000年4月4日建设部令第78号发布，2009年10月19日住房和城乡建设部令第2号修改）第四条规定："建设单位应当自工程竣工验收合格之日起15日内，依照本办法规定，向工程所在地的县级以上地方人民政府建设主管部门（备案机关）备案。

建设单位办理竣工工程备案手续应提供下列文件：

（一）竣工验收备案表；

（二）工程竣工验收报告；

（三）施工许可证；

（四）施工图设计文件审查意见；

（五）施工单位提交的工程竣工报告；

（六）监理单位提交的工程质量评估报告；

（七）勘察、设计单位提交的质量检查报告；

（八）由规划、公安消防、环保等部门出具的认可文件或准许使用文件；

（九）验收组人员签署的工程竣工验收意见；

（十）施工单位签署的工程质量保修书；

（十一）单位工程质量验收汇总表；

（十二）商品住宅还应当提交《住宅质量保证书》和《住宅使用说明书》；

（十三）法律、法规、规章规定必须提供的其他文件。"

2.19.4 备案的程序

（1）经施工单位自检合格后，并且符合《房屋建筑工程和市政基础设施工程竣工验收暂行规定》的要求方可进行竣工验收。

（2）由施工单位在工程完工后向建设单位提交工程竣工报告，申请竣工验收，并经总监理工程师签署意见。

（3）对符合竣工验收要求的工程，建设单位负责组织勘察、设计、监理等单位组成的专家组实施验收。

（4）建设单位必须在竣工验收7个工作日前，将验收的时间、地点及验收组名单书面通知负责督促该工程的工程质量督促机构。

（5）工程竣工验收合格之日起15个工作日内，建设单位应及时提出竣工验收报告，向工程所在地县级以上地方人民政府建设行政主管部门（及备案机关）备案。

（6）工程质量督促机构，应在竣工验收之日起5个工作日内，向备案机关提交工程质量督促报告。

（7）城建档案管理部门对工程档案资料按国家法律法规要求进行预验收，并签署验收意见。

（8）备案机关在验证竣工验收备案文件齐全后，在竣工验收备案表上签署验收备案意见并签章。工程竣工验收备案表一式两份，一份由建设单位保存，一份留备案机关存档。

第3章　工程投资控制

建设工程项目总投资是指为完成工程项目建设并达到使用要求或生产条件，在建设期内预计或实际投入的全部费用总和。生产性建设工程项目总投资包括建设投资、建设期利息和流动资金三部分。非生产性建设工程项目总投资包括建设投资和建设期利息两部分。其中建设投资和建设期利息之和对应于固定资产投资。

固定资产投资可分为静态投资部分和动态投资部分。静态投资部分由建筑安装工程费、设备及工器具购置费、工程建设其他费和基本预备费构成。动态投资部分，是指在建设期内，因建设期利息和国家新批准的税费、汇率、利息变动以及建设期价格变动引起的固定资产投资增加额，包括涨价预备费和建设期利息。

所谓建设工程投资控制，就是在投资决策阶段、设计阶段、发包阶段、施工阶段以及竣工阶段，把建设工程投资控制在批准的投资限额以内，随时纠正发生的偏差，以保证项目投资管理目标的实现，以求在建设工程中能合理使用人力、物力、财力，取得较好的投资效益和社会效益。

3.1 工程造价与建设工程项目

3.1.1 建筑工程造价

1.工程造价的含义

第一种含义，是工程的建造价格，即指建设一项工程预期开支或实际开支的全部固定资产投资费用，也就是一项工程通过建设形成相应的固定资产、无形资产、流动资产、递延资产和其他资产所需要一次性费用的总和。

第二种含义，是指工程价格。即为建成一项工程，预计或实际在建设各阶段（土地市场、设备市场、技术劳务市场以及有形建筑市场等）交易活动中所形成的工程价格之和。

工程造价的两种含义是从不同角度把握同一事物的本质。对建设工程的投资者来说，面对市场经济条件下的工程造价就是项目投资，是"购买"工程项目要付出的价格；同时也是投资者在作为市场供给主体时"出售"工程项目时定价的基础。

2.工程造价的特点

（1）工程造价的大额性。工程造价的大额性使它关系到有关各方面的重大经济利益，同时也会对宏观经济产生重大影响。这就决定了工程造价的特殊地位，也说明了造价管理的重要意义。

（2）工程造价的个别性、差异性。任何一项工程都有其特定的用途、功能、规模。因此，对每一项工程的结构、造型、空间分割、设备配置和内外装饰都有具体的要求，造就了每项工程的实物形态具有个别性，也就是项目具有一次性特点。建筑产品的个别性，建筑施工的一次性决定了工程造价的个别性、差异性。同时，每项工程所处地区、地段都不相同，也使这一特点得到强化。

（3）工程造价的动态性。任何一项工程从决策到竣工交付使用，都有一个较长的建设期，而且由于不可预控因素的影响，在预计工期内，许多影响工程造价的动态因素，如工程建设变更、设备材料价格、工资标准、利率、汇率等变化，必然会影响造价的变动。所以，工程造价在整个建设期中处于动态状况，直至竣工决算后才能最终确定工程的实际造价。

3.1.2 建设工程项目

1.建设工程项目的定义

建设工程项目，为完成依法立项的新建、改建、扩建的各类工程（土木工程、建筑工程及安装工程等）而进行的、有起止日期的、达到规定要求的一组相互关联的受控活动组成的特定过程，包括策划、勘察、设计、采购、施工、试运行、竣工验收和移交等。

2.建设工程项目的分类

（1）按照性质分类

1）新建项目。主要是指根据国民经济和社会发展的近远期规划，按照规定的程序立项，从无到有、"平地起家"的建设项目。现有企、事业和行政单位一般不应有新建项目。有的单位如果原有基础薄弱需要再兴建的项目，其新增加的固定资产价值超过原有全部固定资产价值（原值）3倍以上时，才算新建项目。

2）扩建项目。主要是指现有企业、事业单位在原有场地内或其他地点，为扩大产品的生产能力或增加经济效益而增建的生产车间、独立的生产线或分厂的项目；事业和行政单位在原有业务系统的基础上，扩充规模而进行的新增固定资产投资项目。

3）迁建项目。主要是指原有企业、事业单位，根据自身生产经营和事业发展的要求，按照国家调整生产力布局的经济发展战略的需要，或出于环境保护等其他特殊要求，搬迁到异地而建设的项目。

4）恢复项目。主要是指原有企业、事业和行政单位，因在自然灾害或战争中，使原有固定资产遭受全部或部分报废，需要投资重建来恢复生产能力和业务工作条件、生活福利设施等的建设项目。这类项目，不论是按原有规模恢复建设，还是在恢复过程中同时进行扩建，都属于恢复项目。但对尚未建成投产或交付使用的项目，受到破坏后，若仍按原设计重建的，原建设性质不变；如果按新设计重建，则根据新设计内容来确定其性质。基本建设项目按其性质分为上述四类，一个基本建设项目只能有一种性质，在项目按总体设计全部建成以前，其建设性质是始终不变的。

5）改建项目。主要是指企业为提高生产效率，改进产品质量或改变产品方向，对现有设施或工艺条件进行技术改造或更新的项目。其中还包括企业所增建的一些附属、辅助车间或非生产性工程。根据1983年国家计委、国家经委、国家统计局《关于更新改造措施与基本建设划分的暂行规定》的精神，改建项目由更新改造措施计划安排。

（2）按照规模分类

为适应对工程建设项目分级管理的需要，国家规定基本建设项目分为大型、中型、小型三类；更新改造项目分为限额以上和限额以下两类。不同等级标准的工程建设项目国家规定的审批机关和报建程序也不尽相同。

划分项目等级的原则：

1）按批准的可行性研究报告（初步设计）所确定的总设计能力或投资总额的大小，依据国家颁布的《基本建设项目大中小型划分标准》进行分类；

2）生产单一产品的项目，一般按产品的设计生产能力划分；生产多种产品的项目，一般按其主要产品的设计生产能力划分；产品分类较多，不易分清主次、难以按产品的设计能力划分时，可按投资总额划分。

3）对国民经济和社会发展具有特殊意义的某些项目，虽然设计能力或全部投资不够大、中型项目标准，经国家批准已列入大、中型计划或国家重点建设工程的项目，也按大、中型项目管理。

4）更新改造项目一般只按投资额分为限额以上和限额以下项目，不再按生产能力或其他标准划分。

5）基本建设项目的大、中、小型和更新改造项目限额的具体划分标准，根据各个时期经济发展和实际工作中的需要而有所变化。

（3）按照投资作用分类

工程建设项目可分为生产性建设项目和非生产性建设项目。

1）生产性建设项目。主要是指直接用于物质资料生产或直接为物质资料生产服务的工程建设项目。主要包括：①工业建设。包括工业、国防和能源建设；②农业建设。包括农、林、牧、渔、水利建设；③基础设施建设。包括交通、邮电、通信建设、地质普查、勘探建设等；④商业建设。包括商业、饮食、仓储、综合技术服务事业的建设。

2）非生产性建设项目。主要是指用于满足人民物质和文化、福利需要的建设和非物质资料生产部门的建设。主要包括：①办公用房。国家各级党政机关、社会团体、企业管理机关的办公用房；②居住建筑。住宅、公寓、别墅等；③公共建筑。科学、教育、文化艺术、广播电视、卫生、博览、体育、社会福利事业、公共事业、咨询服务、宗教、金融、保险等建设；④其他建设。不属于上述各类的其他非生产性建设。

（4）按照投资效益分类

可分为竞争性项目、基础性项目和公益性项目。

1）竞争性项目。主要是指投资效益比较高、竞争性比较强的一般性建设项目。这类建设项目应以企业作为基本投资主体，由企业自主决策、自担投资风险。

2）基础性项目。主要是指具有自然垄断性、建设周期长、投资额大而收益低的基础设施和需要政府重点扶持的一部分基础工业项目，以及直接增强国力的符合经济规模的支柱产业项目。对于这类项目，主要应由政府集中必要的财力、物力，通过经济实体投资。同时，还应广泛吸收地方、企业参与投资，有时还可吸收外商直接投资。

3）公益性项目。主要包括科技、文教、卫生、体育和环保等设施，公、检、法等政权机关以及政府机关、社会团体办公设施、国防建设等。公益性项目的投资主要由政府用财政资金安排的项目。

3.1.3 建设工程项目的组成

建设工程项目由单项工程、单位（子单位）工程、分部（子分部）工程和分项工程组成。

（1）单项工程是指在一个建设工程项目中，具有独立的设计文件，竣工后可以独立发挥生产能力或效益的一组配套齐全的工程项目。单项工程是建设工程项目的组成部分，一个建设工程项目可以仅包括一个单项工程，也可以包括多个单项工程。如工厂中的生产车间、办公楼、住宅，学校中的教学楼、食堂、宿舍等，它是基建项目的组成部分。

（2）单位工程是指具有单独设计和独立施工条件，但不能独立发挥生产能力或效益的工程，它是单项工程的组成部分。如生产车间这个单项工程是由厂房建筑工程和机械设备安装工程等单位工程所组成。建筑工程还可以细分为一般土建工程、水暖卫工程、电器照明工程和工业管道工程等单位工程。

（3）分部工程是按工程的种类或主要部位，将单位工程划分为分部工程，如：基础工程、主体工程、电气工程、通风工程等。分部工程是单位工程的组成部分，是单位工程中分解出来的结构更小的工程，可分为基础、主体、装饰、楼地面、门窗、屋面、电梯、给水排水、消防、通风照明、电气等几个部分，每部分都是由不同工种的工人利用不同的工具和材料来完成的。

（4）分项工程是指分部工程的组成部分，是施工图预算中最基本的计算单位。它是按照不同的施工方法、不同材料的不同规格等，将分部工程进一步划分的。例如，钢筋混凝土分部工程，可分为捣制和预制两种分项工程；预制楼板工程，可分为实心平板、空心板、槽型板等分项工程；砖墙分部工程，可分为眠墙（实心墙）、空心墙、内墙、外墙、一砖厚墙、一砖半厚墙等分项工程。

3.1.4 建设工程项目的投资性质

工程建设项目具有唯一性、一次性、产品固定性、建设要素流动性、系统性、风险性等特征。项目的唯一性、产品的固定性和建设要素的流动性是工程建设项目的三个最基本特征，影响或决定了工程建设项目其他技术、经济和管理特征及其管理方式和手段，因而也是工程招标需要把握的三个基本因素。

工程建设项目投资规模一般较大，资金往往通过多种渠道筹措，除项目投资人自有资金、政府各类财政性资金外，可以利用银行信贷资金、非银行金融机构的信贷资金、国际金融机构和外国政府提供的信贷资金或赠款以及通过企业、社会团体等多种渠道融资。这些投资建设资金按来源性质可以分为：国内资金和国外资金。国内资金又分为政府投资、国有企业投资和非国有投资等，不同性质的投资对工程招标有不同的约束要求。

我国一些基础设施建设项目利用了世界银行、亚洲开发银行、日本协力银行等国际金融组织和外国政府贷款资金，这些金融机构都有相应的贷款和资金使用规定，其招标的方式、程序及评标办法等可以适用其规定，但违背我国的社会公共利益的除外。

使用各级财政预算资金和各种财政专项建设基金的投资项目以及国有企事业

单位投资占控股或者主导地位的工程建设项目的招标、计划管理、资金支付、验收评价等必须执行《招标投标法》和《政府采购法》等相关法律法规有关规定。

其他依法必须进行招标的非国有资金控股或者主导地位的依法必须招标项目在相关法律规定范围内享有较多的自主决策权。

3.2 建设工程项目管理与建设工程监理的区别

3.2.1 服务对象及提供者

建设工程项目管理范围较大。它不单纯是施工企业的项目管理，在建筑业中，项目参与各方都需要项目管理，如建设单位方项目管理、设计方项目管理、施工方项目管理、供货方项目管理等。但由于建设单位是建设工程项目生产过程的总集成者和总组织者，因此建设单位方的项目管理是一个项目的项目管理核心，若其缺乏项目管理经验，可委托专业的项目管理公司提供项目管理服务。没有或者缺乏项目管理经验的施工单位或者设计单位，也可委托专业的项目管理公司为其提供项目管理服务。此外项目参与各方，若其有足够的项目管理经验，也可以是建设工程项目管理服务的提供者。

建设工程监理则不同。根据《建筑法》第三十二条，将建设工程监理定位为代表建设单位，对承包单位在施工质量、建设工期和建设资金使用等方面实施督促。所以，建设工程监理单位就是受建设单位的委托，依照法律法规及有关的技术标准、设计文件和合同实施监理。建设单位是建设工程监理的唯一服务对象。

3.2.2 业务范围

建设工程项目管理的工作内容包括可行性研究、招标代理、造价咨询、工程监理和勘察设计、施工管理等。《建设工程项目管理试行办法》中对此已作了明确界定，在某种程度上建设工程项目管理是对各种专业服务的整合与集成。而工程监理是对施工阶段的质量、进度、投资、安全等方面的督促管理，这在《建筑法》等法律法规中已作了明确规定。因此从业务范围上讲，建设工程监理是建设工程项目管理的重要组成部分，但不是项目管理的全部。

工程项目管理与工程监理的另一大区别在于：前者可包括设计过程的项目管理（某些情况下还可以承担相应的设计工作），甚至包括项目前期策划，而建设工程监理一般不包括设计和设计过程管理，更不涉及项目前期策划。

3.3 工程造价在建设工程项目中的作用

3.3.1 在立项决策阶段的作用

工程建设项目的投资决策阶段，主要工作是对项目各项技术的经济决策，对工程造价和项目投产后经济效益的影响都是决定性的，因此该阶段对工程造价管理的作用重大。工程造价管理有助于决策阶层正确选择技术上可行、经济上优化的建设方案，有助于在优化建设方案的基础上，项目投资估算编制质量的提高，进而使其在工程建设中起到控制项目总投资的作用。影响决策阶段工程造价的因素有六个方面，分别是建设标准水平的确定、建设地点的选择、建设地区的选择、工艺评选、项目的经济规模和建设设备的选用。

3.3.2 在设计阶段的作用

设计阶段发生在项目作出投资决策后，是工程造价形成的重要阶段，是在技术和经济上对拟建工程的实施进行全面安排，也是对工程建设进行规划的过程。工程造价管理有助于设计的技术先进、经济合理，进而使工程建设项目工期缩短、投资节省、效益提高。同一建设项目、同一单项单位工程的方案并不是唯一的，因而造价也会不同，因此有必要在满足功能的前提下，做多个方案并进行技术比较、经济分析和效益评价，选用技术先进适用、经济合理的设计方案，即设计方案的优化过程。从而造价管理就从侧面促进了设计方案的优化，从根本上降低成本，有助于项目建设的经济效益最大化。工程造价管理作为一种相当成熟而又行之有效的管理方法，在许多工程建设中得到广泛运用。工程建设需大量投入人、财、物，因而工程造价管理在工程建设方面大有可为，设计人员和造价管理人员必须密切配合，做好多方案的技术经济比较，在降低和控制项目投资上下功夫。工程造价管理人员在设计过程中，应及时对项目投资进行分析对比，反馈造价信息，以保证有效地控制投资。

3.3.3 在招标阶段的作用

工程招标投标是控制建设项目实施阶段工程造价的有效手段，同时，工程造价管理在招标阶段有助于适合的中标单位的确定。工程造价管理在搞好招标投标工作上提出下列三方面的要求：首先，要把好资格审查关，杜绝一切破坏招标投标纪律的现象；其次，加强标底管理，保证标底编制的保密性和准确性；再次，制定科学的评标定标方法，强化选择中标单位的标准。工程造价管理对招标工作的要求有助于选择工程报价合理、工期短、企业信誉良好、施工经验丰富的投标单位，为工程项目的总体成本降低做出贡献。

3.3.4 在施工阶段的作用

工程项目的施工阶段是以施工图预算或工程承包合同价为目标，控制工程造价。本阶段确定开销的成本节约余地很小，但是有很大的浪费可能性，引起整体成本的提高。因而，工程造价管理需要足够重视对施工阶段费用的管理，合理确定施工方案，有助于工期的缩短、工程质量的保证、经济效益的提高。这就要求对施工方案从技术上、经济上进行对比评价，对质量、工期、造价三项技术经济指标比较，合理有效地利用并节约人力、物力、财力资源，获取较好的经济效益。工程造价管理在施工阶段有助于施工管理质量的提高，是全面造价管理的重要途径。

3.4 工程造价控制内容、职责及程序

3.4.1 工程造价控制内容

（1）根据工程特点、施工合同、工程设计文件及经过批准的施工组织设计对工程进行风险分析，制定工程造价目标控制方案，提出防范性对策。

（2）编制施工阶段资金使用计划，并按规定的程序和方法进行工程计量、签发工程款支付证书。

（3）审查施工单位提交的工程变更申请，力求减少变更费用。

（4）及时掌握国家调价动态，合理调整合同价款。

（5）及时收集、整理工程施工和监理有关资料，协调处理费用索赔事件。

（6）及时统计实际完成工程量，进行实际投资与计划投资的动态比较，并定期向建设单位报告工程投资动态情况。

（7）审核施工单位提交的竣工结算书，签发竣工结算款支付证书。

此外，监理工程师还可受建设单位委托，在工程勘察、设计、发承包、保修等阶段为建设单位提供工程造价控制的相关服务。

3.4.2 工程造价控制职责

（1）应严格执行双方签订的建筑工程施工合同中所确定的合同价、单价和约定的工程款支付方法。

（2）应坚持在报验资料不全、与合同文件的约定不符、未经质量签认合格或

有违约的不予审核和计量。

（3）工程量与工作量的计算应符合有关的计算规则。

（4）处理由于设计变更、合同变更和违约索赔引起的费用增减应坚持合理、公平。

（5）对有争议的工程量计量和工程款，应采取协商的方法确定，在协商无效时，由总监理工程师确定一个暂定价作为工程款支付依据（必要时应事先征得建设单位的意见）。

（6）对工程量及工程款的审核应在建设工程施工合同所约定的时限内。

3.4.3 工程造价控制程序

工程投资控制监理程序：

1.投资控制的主要措施

（1）组织措施；

（2）经济措施；

（3）技术措施；

（4）合同措施。

2.专业造价工程师应从以下方面做好工程量计量工作

（1）履行合同条款；

（2）对所报工程量的质量进行确认；

（3）及时汇总设计变更及签证；

（4）按图核实工程量；

（5）执行定额单价或清单单价；

（6）防止出现计算误差。

3.工程造价控制的主要依据、原则、方法

（1）工程造价控制的依据

工程设计图纸及说明文件；

工程设计变更、工程洽商文件；

工程所在地概预算定额取费标准；

施工合同及其变更、协议文件；

市场价格信息；

分项/分部工程质量验收认可表；

国家及当地有关工程造价的法规和规定文件。

（2）工程造价控制的原则

严格执行合同中所确定的合同价、单价和约定的工程款支付办法；

报验资料不全、与合同约定不符、未经质量签认合格或有违约情况时，不予审核及计量；

工程量计算应符合约定的计算规则；

处理由于设计变更、工程洽商、合同变更和违约索赔等引起费用增减时，应坚持公正、合理的原则；

对有争议的工程量和工程款应采取协商的方式确定，协商不成时，可由总监理工程师确定；

对工程量、工程款的审核及工程款的支付，应在合同规定的时限内进行。

（3）工程造价控制的方法、措施

1）事前控制：

审查标底、招投标文件、施工合同中涉及造价控制的条款；

承包单位编制施工预算或清单报价，在施工过程中进行动态控制；

承包单位编制年、季、月资金使用计划，并控制其执行；

从设计图纸设计要求、标底标书、施工合同及材料、设备订货合同中找出容易被突破的环节作为造价控制重点；

做好尽可能减少向建设单位索赔工作。

2）事中控制措施：

加强对造价的动态控制；

尽可能减少索赔的条件、不造成违约；

提出降低工程造价的合理化建议；

严格对工程款支付手续的签认，由专业监理工程师认真审核后，由总监理工程师签发付款凭证；

及时掌握市场信息，了解材料、构配件、设备的价格变动情况，以及政府有关部门规定的调动政策；

严格审查设计、施工、材料设备购货合同中涉及工程造价控制的条款，做好合同管理。

工程量计量。按合同约定进行计量；承包单位以《分项工程质量报验认可表》为依据上报工程量；监理工程师进行审查；对某些特殊工程部位计量，可由项目监理部、建设单位、承包单位共同协商计量方法。

工程款支付。工程款种类一般如下：工程预付款、工程进度款（合同内价款、合同外价款）、竣工结算款、保修金；工程款支付：支付工程预付款、支付工程进度款（合同内、合同外）、保修金的退还。

3）事后控制

审核承包单位提交的工程结算文件，并与建设单位、承包单位进行协调与协商，取得一致意见，按施工合同中有关条款处理；

处理好承建单位提出的索赔事件；严格工程款支付程序。

4.签证单的签认

总监理工程师对专业监理工程师审定的现场签证单应予以审定签认，否则视为无效。

5.保存与发送

总监理工程师对专业造价师审定的工程量清单，针对承包单位填报的工程款支付申请表，应签署工程款支付证书上报建设单位。

3.4.4 监理工程师在投资控制方面要重视和做好以下工作

1.严格工程计量、控制工程款的支付和工程费用的增加

对于实行工程量清单的项目，监理工程师应熟悉工程量清单及清单说明的内容。掌握工程具体项目的工作范围、工作内容和计量方式与方法，按合同约定，对已完工程量进行准确计量。特别是对于实行清单项目，按合同约定，实际工程量与清单项目工程量有差别时，按实调整的，监理工程师更要在工程计量上下大功夫，严格控制因工程量变化而增加的预算外支出，防止承包商因虚报工程量而增加工程投资。同时，监理工程师应对清单中的工程量做到心中有数，对于可能出现的实际工程量比清单工程量少的，应提醒承包商如实进行调整，核减清单工程量，核减工程费用。

2.控制设计变更和洽商，有效控制工程造价

由于设计不周或设计深度不足，常常导致设计修改和工程变更而引起的工程造价的提高，同时它也是产生工程变更和费用索赔的重要根源。因此，要加强对设计变更和工程变更的有效控制，加强对施工图的全面审查，重点审查工程设计是否完全符合有关规范的要求，是否符合工程的各方面实际条件，以及是否存在错、漏、碰、缺等问题，做到事前发现，事前纠正，减少实施过程中或实现以后因图纸设计问题而造成的工程变更。对设计变更和工程变更进行技术经济分析比较，对增加造价的变更必须进行严格控制。

3.控制工程材料及设备单价，特别是暂估材料设备价格等

这是工程造价最容易突破的一个环节。监理工程师在监理过程中应严格按合同约定的价格进行监理。对于工程变更项目的单价，清单中已有相同项目单价的，按清单中的单价执行；有类似项目单价的，按类似单价执行；对于清单中没有相同或类似项目单价的材料或设备及工程量清单中属于暂估价格或暂估项目的，应是本工程造价控制的重点。监理工程师应协助业主多方询价，了解市场价格动态，确定既能满足本工程使用要求，又不突破计划值的合理低价。同时造价工程师应协助业主把好合同关，明确价格的性质，防止因价格不明确或包含的内容不清楚，在价格调整时发生扯皮现象。

4.严格按合同约定进行监理，防止工程发生索赔

监理工程师应按照预控原则，采取防范措施，尽量不发生或减少发生索赔事件，减少业主的损失。当索赔事件发生时，监理工程师应做好工程施工记录，收集各种有关索赔事件的相关文字依据，为正确处理索赔提供依据。

5.及时收集有关资料，做好工程造价的动态管理和结算工作

监理工程师特别是造价师应在日常监理工作中及时收集与工程投资及项目结算有关的文件、资料。

竣工结算是投资控制的最后一个环节，监理工程师应严格按合同条件对竣工结算进行审核，确保投资控制的顺利完成。

造价专业监理工程师应熟悉施工合同，尤其是关于投资控制的条款，掌握工程结算办法，弄清合同价格的调整因素和方法，按合同规定审核竣工结算。

6.确保总投资不突破合同造价的措施

对于工程而言，在各个阶段有效的投资控制和降低投资是极其重要的，监理工程师应认真编制切实可行的项目投资控制方案，应重点抓好以下工作：

（1）重视施工承包合同的管理

1）合同签署前对合同条文进行再审查；

2）协助业主签订科学、公平的合同；

3）加强合同管理，减少业主额外费用的支出；

4）妥善处理合同问题；

5）随时检查合同执行情况，及时纠正。

（2）重视施工图纸的会审工作

通过认真会审图纸，可以发现图纸中存在的错、漏、碰、缺等问题，消除质量隐患，减少设计变更，为施工顺利进行奠定基础。

（3）用技术经济的观点，从优化的角度，评定完善施工方案

监理工程师在审查施工方案的时候，不仅要对技术可行性分析，而且应对费用成本进行分析，比较不同的施工方案之间的区别，除固定成本外，特别要注意可变成本的分析，监理工程师审查应认真负责，兼顾全面。

（4）认真办理现场技术经济签证工作

对于现场技术经济签证，监理工程师应亲自到现场核验，核对图纸，对比现场后按实际情况计算，如实签字认可，注意与其他申报的工程量是否有重复的地方。

（5）严格控制设计变更

监理工程师对工程中设计变更的控制应尽早变更，提前认真审阅图纸，与施工方和设计方多沟通，设计变更越早影响就越小，对于可变或可不变的就要坚持不变。

（6）严格工程价款计量支付程序

监理工程师应认真做好工程已完工程量的验收方法计算工作。对于承包商申报的已完工程量，要严格按照标书、合同规定的套用定额、计算规则和标准，去复核申报工程量的数量是否准确无误，所申报各分项目是否与标书工程量清单一致，工程质量是否符合规定，专业监理工程师是否已经签字确认。不符的子目，未完的分项和质量达不到合同标准的不能进入支付，以避免资金的过早投入，减少利息支付。

（7）做好（预）结算的审核工作

监理工程师对（预）结算的审核应符合投标文件、合同的规定，应特别注意承包商高估冒算、重复多算、改变计算规则等方法申报工程量。

（8）注意资金的时间效益

监理工程师应特别注意资金的时间效益，要从项目总体上考虑，各分项工期是否可以提前，分项工程提前工期是否有效益；注意设备过早订货所占用的资金及利息支出，设备的储存、保管等仓储费用等。因此监理工程师应特别注意资金的流入顺序、时间、数量和流入速度。

（9）做好风险管理和工程保险工作

监理工程师通过有效地管理，如协助业主规划决策、实施决策、检查、工程保险等手段，去避免项目风险的发生，或减少风险事件发生后给工程带来的损失，以确保工程项目工期和项目投资不超过限值，施工质量满足合同要求和施工安全顺利进行。

3.4.5 现场签证的控制措施

（1）现场签证直接影响工程造价，为节约建设资金，控制工程成本，应加强工程的现场签证管理，明确现场监理人员的责任。

（2）现场签证由业主现场代表负责审查。

（3）凡在预算定额中有规定的项目不得签证。现场签证单必须有承包人签署，监理才能审核签署。

（4）对于要发生的签证，施工方必须在24小时之前报告监理工程师（紧急情况除外），监理工程师接到通知后，24小时内对签证内容进行核查，经业主代表认可后，由承包人在24小时内出具正式的签证单。签证单经专业监理工程师审核，总监理工程师签署认可后，报送业主审批。

（5）施工过程中发生紧急事件时，紧急处理措施所发生的费用，事后承包人应及时报告监理工程师。

（6）签证单内容必须明确，注明数量单价和签证的部位，并应尽可能地采用图表，列出计算式。

（7）监理要加强对现场签证的审核，签证应做到客观公正、实事求是，对于不合理的签证应退回承包人。

3.5 工程预付款审查

3.5.1 工程预付款的定义

工程预付款的定义，工程预付款是建设工程施工合同订立后由发包人按照合同约定，在正式开工前预先支付给承包人的工程款。它是施工准备和所需要材料、结构件等流动资金的主要来源，习惯上又称为预付备料款。工程预付款的具体事宜由承发包双方根据建设行政主管部门的规定，结合工程款、建设工期和包工包料情况在合同中约定。

在《建设工程施工合同（示范文本）》GF-2017-0201中，对有关工程预付款作如下约定：实行工程预付款的，双方应当在专用条款内约定发包人向承包人预付工程款的时间和数额，开工后按约定的时间和比例逐次扣回。预付时间应不迟于约定的开工日期前7天。发包人不按约定预付，承包人在约定预付时间7天后向发包人发出要求预付的通知，发包人收到通知后仍不能按要求预付，承包人可在发出通知后7天停止施工，发包人应从约定应付之日起向承包人支付应付款的贷款利息，并承担违约责任。

工程预付款额度，各地区、各部门的规定不完全相同，主要是保证施工所需材料和构件的正常储备。一般是根据施工工期、建安工作量、主要材料和构件费用占建安工作量的比例以及材料储备周期等因素经测算来确定。发包人根据工程的特点、工期长短、市场行情、供求规律等因素，招标时在合同条件中约定工程预付款的百分比。

3.5.2 正确计算工程预付款

根据工程建筑安装、施工工期不同时期的特点分别计算出了建筑、安装主要材料所占比例和建筑、安装工程预付款，并与承包商在签订施工合同时予以明确，为后来支付工程进度款打下良好基础。

3.5.3 预付款拨付的条件审查

（1）施工合同签订完毕；

（2）不迟于施工人员、机械已进入现场前7天；

（3）施工单位提供了相应数额的银行保函。

3.6 工程计量审查

3.6.1 工程量审核的意义

（1）提高工程量计算的准确性；

（2）控制工程造价及合理地确定施工承包合同；

（3）准确分析技术经济指标，节约建设资金。

3.6.2 工程量审核的一般方法

1.全面审核法

（1）根据施工图、施工组织设计或施工方案、工程承包合同或招标文件，结合现行的工程量清单的计算规则或有关参照定额，全面审核工作量。

（2）适用于工程量较小、工艺较简单的工程及编算的技术力量比较薄弱的施工单位承包的工程。

2.重点审核法

重点分部分项工程量审核如下：

（1）影响较大、涉及范围广的分部分项工程。

（2）工程量大或造价较高的项目。

优点：重点突出，时间短，效果较好。

缺点：只能发现重点项目的差错，不能发现工程量较小或费用较低项目的差错。

3.分组计算审核法

将有关项目划分成若干组，利用同组中一个数据来审查有关分项工程量。

方法：首先将若干个分部分项工程按相邻且有一定内在联系的项目进行编组；其次利用同组中分项工程具有相同或近似计算的基数关系，审查一个分项工程量，判断其他几个分项工程量的准确度。

4.对比审核法

用已建成工程的工程量，或未建成但已经审核修正过的工程量，对比审核拟建的类似工程量。

优点：简单易行，速度快，适用于规模小、结构简单的一般民建建筑住宅工程等，特别适合于采用标准施工图或重复使用施工图的工程。

5.标准审核法

利用标准图或通用图施工的工程，先编制一定的标准工程量，然后以其为标准审核工作量的一种方法。

6.经验审核法

根据以前的实践经验，审核容易发生差错的那部分工程子目的方法。

工程量审核的方法多种多样。可根据工程实际，选择其中一种，也可同时选用几种综合使用。

3.7 工程进度款支付审查

为了保证工程施工的正常进行，发包人应根据合同的约定和有关规定，按工程的形象进度按时支付工程款。《建设工程施工发包与承包计价管理办法》规定："建筑工程发包承包双方应当按照合同约定定期或者按工程进度分阶段进行工程款结算。"《建设工程施工合同（示范文本）》关于工程款的支付也作出相应的约定："在确认计量结果后14天内，发包人应向承包人支付工程款（进度款）。""发包人超过约定的支付时间不支付工程款（进度款），承包人可向发包人发出要求付款的通知，发包人接到承包人通知后仍不能按要求付款，可与承包人协商签订延期付款协议，经承包人同意后可延期支付。协议应明确延期支付的时间和从计量结果确认后第15天起计算应付款的贷款利息。""发包人不按合同约定支付工程款（进度款），双方又未达成延期付款协议，导致施工无法进行，承包人可停止施工，由发包人承担违约责任。"

工程进度款的计算，主要涉及两个方面，一是工程量的核实确认，二是单价的计算方法。工程量的核实确认，应由承包人按协议条款约定的时间，向发包人代表提交已完工程量清单或报告。《建设工程施工合同（示范文本）》约定："发包人代表接到工程量清单或报告后7天内按设计图纸核实已完工程数量，经确认的

建设监理从业人员必读

090

计量结果，作为工程价款的依据。发包人代表收到已完工程量清单或报告后7天内未进行计量，从第8天起，承包人报告中所列的工程量即视为确认，可作为工程价款支付的依据。工程进度款单价的计算方法，主要根据由发包人和承包人事先约定的工程价格的计价方法决定。工程价格的计价方法可以分为工料单价法和综合单价法两种方法。在选用时，既可采取可调价格的方式，即工程造价在实施期间可随价格变化而调整，也可采取固定价格的方式，即工程造价在实施期间不因价格变化而调整，在工程造价中已考虑价格风险因素并在合同中明确了固定价格所包括的内容和范围。"

工程进度款的支付对工程造价与工程管理都起着非常重要的作用，特别是施工阶段进度款的支付影响最大。要很好地把握进度款的支付方式以及计算方法，还有在制度上促使施工单位保证工程质量合格、保证工程提前受益，这样才能有效地控制工程造价，获取更大的利益。

3.7.1 工程进度款的概念及重要性

工程进度款是指在施工过程中，按逐月（或形象进度、或控制界面等）完成的工程数量计算的各项费用总和。

工程进度付款是项目建设单位支付给施工单位的，按工程承包合同有关条款规定的工程合格产品的价款，它是工程项目竣工结算前工程投资支付的最主要方式。工程进度付款与工程投资、质量和进度相互制约、相互影响。工程进度付款跟不上施工进度，必然对施工单位维持简单再生产和扩大再生产造成不利影响，影响施工单位的积极性，进而影响施工进度和质量，最后可能因物价上涨、工期的拖延引起费用上升、投资失控，影响工程效益地发挥；工程超进度付款也同样对工程的质量、投资和进度产生极大的副作用。因此，工程进度的支付在工程建设当中是非常重要的，我们应该把握好进度款的支付。

3.7.2 工程进度款的计算方法

工程进度款的计算，主要涉及两个方面：一是工程量的计量；二是单价的计算方法。

单价的计算方法，主要根据由发包人和承包人事先约定的工程价格的计价方法决定。目前，工程价格的计价方法可以分为工料单价和综合单价两种方法。二者在选择时，既可采取可调价格的方式，即工程价格在实施期间可随价格变化而调整，也可采取固定价格的方式，即工程价格在实施期间不因价格变化而调整，在工程价格中已考虑价格风险因素并在合同中明确了固定价格所包括的内容和范围。

用固定综合单价法计算工程进度款比用可调工料单价法更方便、省事，工程量得到确认后，只要将工程量与综合单价相乘得出合价，再累加即可完成本月工程进度款的计算工作。

3.7.3 对于工程进度款的支付应该注意的问题

工程进度款的支付，是工程施工过程中的经常性工作，其具体的支付时间、方式都应在合同中做出规定。

时间规定和总额控制。建筑安装工程进度款的支付，一般实行月中按当月施工计划工作量的50%支付，月末按当月实际完成工作量扣除上半月支付数进行结算，工程竣工后办理竣工结算的办法。在工程竣工前，施工单位收取的备料款和工程进度款的总额，一般不得超过合同金额（包括工程合同签订后经发包人签证认可的增减工程价值）的95%，其余5%尾款，在工程竣工结算时除保修金外一并清算。承包人向发包人出具履约保函或其他保证的，可以不留尾款。

3.7.4 工程进度款支付审查的措施

监理工程师在施工阶段全面实施监控的过程中，对于工程款支付、结算、索赔等应从组织、经济、技术、合同、动态控制等多方面采取预控措施，严格把工程造价控制在合理范围之内。

1. 组织措施

在工程项目监理班子中，配备专职造价监理工程师，对设计变更、索赔等引起的工程量、工期的增加及时确认。要求施工单位按照已批准的施工组织设计总进度网络计划的工期目标来编制按时间进度的合理的资金使用计划，按使用时间进行分解，确定分解目标值，以提供业主按计划适时筹备资金，保证工程顺利进行。

2. 经济措施

监理工程师每月原则上计量一次，施工单位应及时将工程量和工作量计量资料报送监理部审核，监理工程师应在五日内认真进行计量和确认，同时还须复核工程付款账单，签发付款凭证。

3. 技术措施

监理工程师对每一个较大的设计变更都必须进行技术经济比较、分析，严格控制增大费用的设计变更的发生。与此同时，还应经常与设计人员探讨寻找通过修改不合理设计、进行设计挖潜来节约资金的途径。严格审查施工方的施工组织设计，对于主要施工技术方案进行全面的技术经济分析，防止在技术方案中隐含着增大工程造价的漏洞存在和发生。

监理工程师还应通过工程投资风险分析，找出工程造价最易突破的部分和最易发生费用索赔的原因及部位，制定防范对策。

4.合同措施

监理工程师在进行有效的日常工程管理中，要求切实认真做好工程施工记录；建立健全工程量、工程款支付管理台账；施工机械设备进出场（进出场必须报经监理工程师批准）；材料进场与清退；劳动力使用情况；灾害性气候；施工单位自身因素等引起的费用增减均应设立详细的工程造价台账。同时还应保存好各种文件图纸，注意积累素材，为正确处理可能发生的索赔提供依据。

3.7.5 监理在工程造价中的动态控制

（1）造价监理工程师对工程的投资（造价）部分进行风险分析，主要是找出工程造价最易突破的部分，如施工合同中有关条款不明确而造成突破造价的漏洞，施工图中的问题易造成工程变更、材料和设备价格不确定等，以及最易发生费用索赔的原因和部位，资金不到位、施工图纸不到位等，从而制定防范性对策，书面报告总监理工程师，经其审核后向业主提交有关报告。

（2）造价工程师在进驻现场后及时建立完成工程量和工作量统计表，对实际完成量与计划完成量进行比较、分析，制定调整措施，并在监理月报中向业主报告。

（3）在施工阶段，专业监理工程师审核施工组织设计、施工技术方案和进度计划时，配合造价监理工程师注意审核施工单位的资金使用计划，评价施工单位资金使用计划与甲方资金供应计划的协调性。向业主提出相应的分期付款计划。

（4）造价监理工程师经常深入工地现场第一线，了解实际情况，使造价控制具有较强的针对性。在审核施工组织设计和施工作业措施时，合理开支施工措施费，避免不必要的赶工；定期对施工进度与计划进度进行核对，控制施工节奏，避免超前投资或额外投资。

（5）根据批准的工程进度计划和核定的有效工程量，对实际发生的工程量进行计量和确认，并签署工程付款凭证。未经签证的工程量，监理工程师拒绝签付工程款，防止超期支付和超额支付。

（6）造价监理工程师及时按照施工合同的有关规定进行竣工结算，并对竣工结算的价款总额与业主和承包人进行协商。当无法协商一致时，按相关规定进行处理。

（7）合理利用施工合同中业主掌握的质量保证金，使工程在保修期内能充分地、合理地使用质量保证金，避免业主另行开支。

3.8 工程变更价款审查

3.8.1 工程变更概述

1. 工程变更的含义

工程变更是指设计文件或技术规范修改而引起的合同变更。它在特点上具有一定的强制性,且以监理工程师签发的工程变更令为存在的必要条件。

2. 工程变更的分类

(1)设计变更。在施工过程中如果发生设计变更,将对施工进度产生很大的影响。因此,应尽量减少设计变更,如果必须对设计进行变更,必须严格按照国家的规定和合同约定的程序进行。由于发包人对原设计进行变更,以及经工程师同意的、承包人要求进行的设计变更,导致合同价款的增减及造成的承包人损失,由发包人承担,延误的工期相应顺延。

(2)其他变更。合同履行中发包人要求变更工程质量标准及发生其他实质性变更,由双方协商解决。

3.8.2 工程变更的程序

1. 建设单位提出设计变更申请的变更程序

(1)建设单位工程师组织变更论证,总监理工程师论证变更是否技术可行、施工难易程度和对工期影响程度,造价工程师论证变更对造价影响程度。

(2)建设单位工程师将论证结果报项目经理或总经理同意后,通知设计单位工程师,设计单位工程师认可变更方案,进行设计变更,出变更图纸或变更说明。

(3)变更图纸或变更说明由建设单位发至监理工程师,监理工程师发至施工单位。

(4)监理单位提出变更建议的,需要向建设单位提出变更计划,按本程序执行。

2. 施工单位提出设计变更申请的变更程序

(1)施工单位提出变更申请报监理单位审核。

(2)监理工程师或总监理工程师审核技术是否可行、施工难易程度和工期是否增减,造价工程师核算造价影响,报建设单位审批。

(3)建设单位工程师报建设单位项目经理或总经理同意后,通知设计单位工程师,设计单位工程师认可变更方案,进行设计变更,出变更图纸或变更说明。

(4)建设单位将变更图纸或变更说明发至监理工程师,监理工程师发至施工单位。

3.设计单位发出设计变更程序

（1）设计单位发出设计变更。

（2）建设单位工程师组织总监理工程师、造价工程师论证变更影响。

（3）建设单位工程师将论证结果报项目经理或总经理同意后，变更图纸或变更说明由建设单位发至监理工程师，监理工程师发至施工单位。

4.注意事项

（1）工程变更确定后14天内，施工单位应提出变更工程价款的报告，经监理工程师、建设单位工程师确认后，根据合同条件调整合同价款。

（2）未经许可，施工单位不得擅自变更；未经建设单位同意的变更，为无效变更，施工单位不得执行；不合规的变更指令，施工单位不应接受并说明理由。

3.9 现场工程签证审查

3.9.1 签证的必要性

重点审查工程变更的必要性。这就要求审查人员需要详细了解工程项目概况，形象进度情况，仔细分析工程项目变更的真正原因及变更后所要达到的目的，确定工程变更是否有必要。针对一些只为增加造价而无实际意义的变更，可以要求甲乙双方及监理人员做情况说明，做好进一步的审核最终确认变更所发生的金额是否应该计入造价。

3.9.2 签证的时效性

重点审查工程变更签证的项目内容填写是否完整，建设单位及监理单位是否审核审批。要求审计人员认真审阅工程变更签证，分析对比变更原因、变更的工程量、变更的时间及相关单位签署的意见与实际情况是否相符。注意从变更时间和变更内容上把握同一内容工程变更是否出现在前后不同的联系单或在同一份联系单上改头换面多次重复出现的现象。

3.9.3 签证真实性

重点审查工程变更是否真实发生，变更工程量计算是否真实准确。要求审计人员采用实地察看、询问、分析和计算的方法，确认工程变更是否真实发生以及变更工程量的计算是否准确。尤其要注意施工方是否完全按变更的要求去施工。

3.9.4 签证的完整性

重点审查工程变更记录是否全面，有无只计能使工程造价增加的变更而不计会导致工程造价减少的变更的情况。要求审计人员要在详细了解施工图的情况下，对工程进行现场测量查验。

3.9.5 签证的关联性

现在各分部分项可能有不同班组进行分项工程的施工，签证单的内容是否涉及另外班组，其内容是否属于其他班组应该施工的内容。

3.10 分部分项工程费与相关费用审查

分部分项工程费是指施工过程中耗费的构成工程实体性项目的各项费用，由人工费、材料费、施工机械使用费、企业管理费和利润构成。

3.10.1 人工费审查项目

人工费审查项目是指直接从事建筑安装工程施工的生产工人开支的各项费用，内容包括：

（1）基本工资，是指发放给生产工人的基本工资，包括基础工资、岗位（职级）工资、绩效工资等；

（2）工资性津贴，是指企业发放的各种性质的津贴、补贴。包括物价补贴、交通补贴、住房补贴、施工补贴、误餐补贴、节假日（夜间）加班费等；

（3）生产工人辅助工资，是指生产工人年有效施工天数以外非作业天数的工资，包括在职学习、培训期间的工资、探亲、休假期间的工资，因气候影响的停工工资，女工哺乳时间的工资，病假在六个月以内的工资及产、婚、丧假期的工资；

（4）职工福利费，是指按规定标准计提的职工福利费；

（5）劳动保护费，是指按规定标准发放的劳动保护用品、工作服装补贴、防暑降温费、高危险工种施工作业防护补贴费等。

3.10.2 材料费审查项目

材料费审查项目是指施工过程中耗费的构成工程实体的原材料、辅助材料、构配件、零件、半成品的费用和周转使用材料的摊销费用。内容包括：

（1）材料原价；

（2）材料运杂费，材料自来源地运至工地仓库或指定堆放地点所发生的全部费用；

（3）运输损耗费，材料在运输装卸过程中不可避免的损耗；

（4）采购及保管费，为组织采购、供应和保管材料过程所需要的各项费用。包括：采购费、工地保管费、仓储费和仓储损耗。

3.10.3 施工机械使用费审查项目

施工机械使用费审查项目是指施工机械作业所发生的机械使用费、机械安拆费和场外运费。施工机械台班单价应由下列费用组成：

（1）折旧费，施工机械在规定的使用年限内，陆续收回其原值及购置资金的时间价值；

（2）大修理费，指施工机械按规定的大修理间隔台班进行必要的大修理，以恢复其正常功能所需的费用；

（3）经常修理费，指施工机械除大修理以外的各级保养和临时故障排除所需的费用。包括为保障机械正常运转所需替换设备与随机配备工具用具的摊销和维护费用，机械运转及日常保养所需润滑与擦拭的材料费用及机械停滞期间的维护和保养费用等；

（4）安拆费及场外运费，安拆费指施工机械在现场进行安装与拆卸所需的人工、材料、机械和试运转费用以及机械辅助设施的折旧、搭设、拆除等费用；场外运费指施工机械整体或分体自停放地点运至施工现场或由一施工地点运至另一施工地点的运输、装卸、辅助材料及架线等费用；

（5）人工费，指机上司机（司炉）和其他操作人员的工作日人工费及上述人员在施工机械规定的年工作台班以外的人工费；

（6）燃料动力费，指施工机械在运转作业中所消耗的固体燃料（煤、木柴）、液体燃料（汽油、柴油）及水电等；

（7）车辆使用费，指施工机械按照国家规定和有关部门规定应缴纳的车船使用税、保险费及年检费等。

3.10.4 企业管理费审查项目

企业管理费审查项目是指施工企业组织施工生产和经营管理所需的费用。内容包括：

（1）管理人员的基本工资、工资性津贴、职工福利费、劳动保护费等；

（2）差旅交通费，指企业职工因公出差、住勤补助费、市内交通费和午餐补助费、职工探亲路费、劳动力招募费、工地转移费以及交通工具油料、燃料、牌照等；

（3）办公费，指企业办公使用的文具、纸张、账表、印刷、邮电、书报、会议、水、电、燃煤、燃气等费用；

（4）固定资产使用费，指企业属于固定资产的房屋、设备、仪器等的折旧、大修、维修或租赁费；

（5）生产工具用具使用费，指企业管理使用不属于固定资产的工具、用具、家具、交通工具、检验、试验、消防等的购置、维修和摊销费，以及支付给工人自备工具的补贴费；

（6）工会经费及职工教育经费，工会经费是指企业按职工工资总额计提的工会经费；职工教育经费是指企业为职工学习培训按职工工资总额计提的费用；

（7）财产保险费，指企业管理所用财产、车辆保险；

（8）劳动保险补助费，包括由企业支付的六个月以上的病假人员工资，职工死亡丧葬补助费、按规定支付给离休干部的各项经费；

（9）财务费，是指企业为筹集资金而发生的各种费用；

（10）税金，指企业按规定交纳的房产税、车船使用税、土地使用税、印花税等；

（11）意外伤害保险费，企业为从事危险作业的建筑安装施工人员支付的意外伤害保险费；

（12）工程定位、复测、点交、场地清理费；

（13）非甲方所为四小时以内的临时停水停电费用；

（14）企业技术研发费，建筑企业为转型升级、提高管理水平所进行的技术转让、科技研发，信息化建设等费用；

（15）其他，业务招待费、远地施工增加费、劳务培训费、绿化费、广告费、公证费、法律顾问费、审计费、咨询费、联防费等。

3.10.5 审查注意事项

（1）形式及审批流程是否符合公司标准；

（2）报审资料的完整性、一致性；

（3）费用的去向及证明资料；

（4）市场的了解度。

3.11 索赔事项及费用审查

3.11.1 工程索赔的定义及现状

工程索赔是指在工程承包合同履行中，合同当事人一方由于另一方未履行合同所规定的义务或者出现了应当由对方承担的风险而遭受损失时，向另一方提出赔偿要求的行为。引起索赔的原因，可能在业主，也可能在承包商方面。从专业角度看，国际工程中通常把承包商对业主的索赔叫作"索赔"，业主对承包商的索赔叫作"反索赔"。随着我国改革开放的不断深入，招标投标制度的推行，而建设工程合同"标的物"非定型产品，履行期限长、合同条款多而复杂，在漫长的履行过程中，必然引发这样那样的实际问题，工程索赔（反索赔）在所难免。而如何合理确定工程索赔的费用和工期，是工程合同管理和我们进行结算评审所必须解决的重要问题。

3.11.2 审查索赔注意事项

1.审查索赔证据
工程师对索赔报告审查时，首先判断承包人的索赔要求是否有理、有据。承包人可以提供的证据包括下列证明材料：

（1）合同文件中的条款约定；

（2）经工程师认可的施工进度计划；

（3）合同履行过程中的来往函件；

（4）施工现场记录；

（5）施工会议记录；

（6）工程照片；

（7）工程师发布的各种书面指令；

（8）中期支付工程进度款的单证；

（9）检查和试验记录；

（10）汇率变化表；

（11）各类财务凭证；

（12）其他有关资料。

2.审查工期顺延要求
对索赔报告中要求顺延的工期，在审核中应注意以下几点：

（1）划清施工进度拖延的责任。因承包人的原因造成施工进度滞后，属于不可原谅的延期；只有承包人不应承担任何责任的延误，才是可原谅的延期。有时工期延期的原因中可能包含有双方责任，此时工程师应进行详细分析，分清责任比例，只有可原谅延期部分才能批准顺延合同工期。

（2）被延误的工作应是处于施工进度计划关键线路上的施工内容。但有时也应注意，既要看被延误的工作是否在批准进度计划的关键路线上，又要详细分析这一延误对后续工作的可能影响。因为若对非关键路线工作的影响时间较长，超过了该工作可用于自由支配的时间，也会导致进度计划中非关键路线转化为关键路线，其滞后将影响总工期的拖延。此时，应充分考虑该工作的自由时间，给予相应的工期顺延，并要求承包人修改施工进度计划。

（3）无权要求承包人缩短合同工期。工程师有审核、批准承包人顺延工期的权力，但他不可以扣减合同工期。也就是说，工程师有权指示承包人删减某些合同内规定的工作内容，但不能要求他相应缩短合同工期。

3.11.3 工程索赔费用的审核

在对工程索赔费用进行审核的难点有两方面，一是判断哪些费用可以索赔，二是确定可以索赔的费用应如何进行计算。我们在审核工程索赔时，应首先分析产生索赔的原因，分清责任，并对照合同条款，确定索赔是否成立。如对于不可抗力造成的损失，一般合同中规定承包商是可以索赔的，但如果是因为承包商原因，工程没有按期完工，而不可抗力发生在原合同工期之后，则不可抗力造成的工期延期不能再索赔。当已确定索赔成立后，则要注意索赔费用的组成及其审核方法。

（1）索赔费用的组成。索赔费用一般由人工费、材料费、施工机械使用费、分包费用、工地管理费、利息、总部管理费、利润等费用组成。

（2）索赔费用的审核原则和方法。在确定赔偿金额时，应遵循下述原则：所有赔偿金额都应该是施工单位为履行合同所必须支出的费用，按此金额赔偿后，应使施工单位恢复到未发生事件前的财务状况，即施工单位不致因索赔事件而遭受任何损失，但也不得因索赔事件而获得额外收益。

根据上述原则可以看出，索赔金额是用于赔偿施工单位因索赔事件而受到的实际损失（包括支出的额外成本中失掉的可得利润），而不考虑利润。所以索赔金额计算的基础是成本，用索赔事件影响所发生的成本减去事件影响时所应有的成本，其差值即为赔偿金额。

索赔金额的审核方法很多，各个工程项目都可能因具体情况不同而采用不同的方法，主要有：总费用法、修正的总费用法及实际费用法。实际费用法是按每个索赔事件所引起损失的费用项目分别分析计算索赔值的一种方法，这种方法比较复杂，但能客观地反映施工单位的实际损失，比较合理，易于被当事人接受，在国际工程中广泛被采用。通常分三步，第一步，分析每个或每类索赔事件所影响的费用项目，不得有遗漏，这些费用项目通常应与合同报价中的费用项目一致。第二步，计算每个费用项目受索赔事件影响的数值，通过与合同价中的费用价值进行比较即可得到该项费用的索赔值。第三步，将各费用项目的索赔值汇总，得到总费用索赔值。

3.12 竣工结算款审查

3.12.1 影响工程结算因素的分析及审查

1.工程结算的含义

工程结算直接关系到建设单位和施工单位的切身利益。在结算的编审过程中，由于编审人员所处的地位、立场和目的不同，而且编审人员的工作水平也存在差异，因而编审结果存在不同程度的差距应属正常。但是相差太大，就存在有意压低造价或高估冒算的可能。

2.工程结算失真的原因

在送审的结算中，常发现有工程结算多报的现象产生，认真分析结算"失真"的原因有以下几点：

（1）签证单盲目签证，事后补签，签证表述不清、准确度不够及时间性不强。由于我国目前采取的是计量（监理）与评价（决算）分离的工程监管模式。从事决算审核工作的工程师施工时一般不到现场，决算审核时工程量的计算依据主要就是施工图和监理签证。这就为施工环节（尤其是隐蔽工程）偷工减料提供了可能。现场监理人员对造价管理和有关规定掌握不够，对不应该签证的项目盲目签证。有的签证由施工单位填写，不认真核实就签字盖章；施工单位在签证上巧立名目，弄虚作假，以少报多，蒙哄欺骗，遇到问题不及时办理签证，决算时搞突击，互相扯皮推卸责任；有的施工单位为了中标，报价很低，为了保住自己的利润对包干工程偷工减料，对非包干工程进行大量的施工签证，施工现场的乱签证，扰乱了建筑市场正常秩序；

（2）工程量计算方面。工程量的计算是依据竣工图纸、设计变更联系单和国家统一规定的计算规则来编制的，是结算编制的基础。工程量计算误差主要包括在定额中子目录再次计算、计算单位不一致而造成工程量的小数点错位及计算错误；

（3）套用定额方面。对定额中的缺项套用子目或换算的理解有出入、忽略定额综合解释，不换算系数、高套定额；

（4）材料价格方面。主材的型号、材质在设计中不明确；除去规定的材料价格外，还有大部分采用的是市场价，这也影响了结算的造价；

（5）费用计算方面。不按合同要求套用费用定额。根据工程类别划分，三类工程却高套用二类工程。工程没有达到约定的文明施工程度却按约定计算文明施工增加费。在县城（镇）的工程税金的却套用市区的费率等；

（6）极少数的结算编制人员业务水平不过关，以致"计算失真"；

（7）建设单位在发包合同及现场签证中用词不严谨而导致结算与实际有出入；

（8）施工单位顾虑结算卡得太紧。送审结算是建设单位委托中介机构审核的，建设单位的主观愿望是核减核增的额度来支付业务费，这自然形成施工单位加大水分多报的可能；

常见的有：

1）巧立名目，高套定额。①把定额中已综合考虑并包含在综合单价里的内容单独列项；②把费率中包含的内容另外列项计算。

2）虚设费用。有的工程在实施过程中没有使用大型机械和特种机械，但竣工决算中却列入了夜间施工增加费、赶工措施费等。

3）提高计费标准，扩大取费范围。

3.12.2 竣工结算审核

（1）搜集、整理好竣工资料；

（2）深入工地，全面掌握工程实况；

（3）熟悉掌握专业知识，注重职业道德。

3.12.3 建设工程结算审核的方法

（1）全面审查法；

（2）重点审查法；

（3）分解对比审查法；

（4）用标准预算审查法；

（5）筛选法；

（6）分组计算法；

（7）结算手册审查法。

3.12.4 建设工程结算审核的内容

1.工程量的审核

建筑安装工程造价是随着工程量的增加而增加，根据设计图纸、定额及工程量计算规则，专业设备材料表、建（构）筑物和总图运输一览表，对已算出的工程量计算表进行审查，主要是审查工程量是否有漏算、重算和错算，审查要抓住重点详细计算和核对，其他分项工程可作一般性审查，审查时要注意计算工程量的尺寸数据来源和计算方法。

2.审核竣工结算要严格

审核施工单位所报的竣工结算时，一定要严格，注意是否有漏掉的项目，注意是否有该扣除的而没有扣除的情况。

3.注意新增项目的计算

有些变更表面看起来是新增的项目，实际上在投标文件中已经包含，这样的项目应不予计量。

4.施工单位投标文件漏项结算时要扣除

施工单位在投标文件漏项，结算时仍然要扣除。

5.把握定额中各分部分项内容

审核人员首先确定定额每个项目中注明的基价中包括和不包括的项目内容，特别是一些综合定额项目。但有些施工企业在编制结算中对前列项目中已包括的内容重复立项。

6.熟悉竣工结算资料

熟悉工程设计施工图纸、施工现场地形及工程地质、施工组织设计和施工方案，参加施工图纸会审，全面地搜集隐蔽工程验收的各种记录。

7.工程量审核注意点

（1）口径必须一致。审核工程量时，应注意审查施工图中列出的细目（工程细目所包括的工作内容和范围）与预算定额中的工程细目是否相一致，只有一致才能套用预算定额中的预算单价。

（2）计量单位必须一致。审核工程量时，应注意审查施工图中列出的计量单位，是否与预算定额中的计量单位相一致，只有一致才能套用预算定额中的预算单价。

（3）有的工程结算，往往忘记扣除阳台、雨篷梁所占的体积，结果多算了砌砖墙的工程量。重点审查法是抓住工程结算中工程量大的或造价较高的项目进行重点审查。

8.定额子目选（套）用的审核

定额子目选（套）用审查，是审查工程结算选用的定额子目与该工程各分部分项工程特征是否一致，代换是否合理，有无高套、错套、重套的现象。对于一个工程项目应该套用哪一个子目，有时可能产生很大争议，特别是对一些模棱两可的子目单价，施工单位常用的办法是就高不就低地选套子目单价。在工程结算中，同类工程量套入基价高或基价低的定额子目的现象时有发生，因此，审核人员应对定额子目选（套）用是否正确进行认真的审核。对定额子目选（套）用的审核，一要注意看定额子目所包含的工作内容；二要注意看各章节定额的编制说明，熟悉定额中同类工程的子目套用的界限，力求做到公正、合理。

9.材料价格和价差调整的审核

随着市场经济的深入发展，建材市场上材料价格差别较大，如建设单位委托施工单位代办采购，却忽视了市场价格的调研，必将为施工单位进行实价虚报创造有利条件。因此审核人员必须深入实际，进行市场调研，合理确定材料价格。材料价格的取定及材料价差的计算是否正确，对工程造价的影响是很大的，在工程结算审核中不容忽视。审核重点在：

（1）安装工程材料的规格、型号和数量是否按设计施工图规定，建筑工程材料的数量是否按定额工料分析出来的材料数量计取；

（2）材料预算价格是否按规定计取；

（3）材料市场价格的取定是否符合当时的市场行情，其中应特别注意审核：一是当地定额站公布的材料市场预算价格是否已包含安装费、管理费等费用，若包括，则不应再另外计取任何其他费用；二是建设工程复杂、施工周期长，材料的价格随着市场供求情况而波动较大时，审核人员应认真审核工程结算中材料市场价格的取定，是否按施工阶段或进料情况综合加权平均计算。

10.取费及执行文件的审核

取费标准是否符合定额及当地主管部门下达的文件规定，其他费用的计算是否符合双方签订的工程合同的有关内容（如工期奖、抢工费、措施费、优良奖等），各种计算方法和标准都要进行认真审查，防止多支多付。我们对取费及执行文件的审核，应注意以下七个方面：一是费用定额与采用的预算定额相配套；二是费用标准的取定与地区分类及工程类别是否相符；三是取费基数是否正确；四是按规定有些签证应放在独立费中的费用，是否放在了定额直接费中取费计算；五是有否不该收取的费率照收；六是其他费用的计列是否有漏项；七是结算中是否正确地按国家或地方有关调整文件规定收费。

11.现场签证的审核

现场签证是在施工全过程中因各种原因产生调整的工程量和材料差价,一般施工单位编制工程结算时往往多计取调增项目的内容,少计或不计取调减项目的内容。

现场签证记录是工程结算的依据之一,它在施工过程中是甲乙双方认可的工程实际变更记录,施工图预算未包括工程承包合同的条款中未直接反映出来的内容等,它没有规律性和一定的形式,编成补充定额或套预算定额,便构成了施工单位进行施工活动的基本内容,而且直接与施工企业成本和费用开支密切相关。加强现场签证的管理,是施工单位和建设单位经济管理工作不可忽视的重要环节。在工程结算中,审核人员对现场签证应着重审核以下几点:

(1)由于有的建设单位驻工地代表对工程结算和有关经济管理的规定不熟悉,有的施工单位有意扭曲预算定额及其有关规定中的词意或界限含义的理解,造成不该签的项目盲目签证。因而,应认真审查工程现场签证的工作内容是否已包括在预算定额内,凡是定额中已有明确规定的项目,不得计算现场签证费用。

(2)现场签证内容、项目要清楚,只有金额,没有工程内容和数量,手续不完备的签证,不能作为工程结算的凭证。

(3)人工、材料、机械使用量以及单价的确定要甲乙双方协商确定。

(4)凡现场签证必须具备甲方驻工地代表和施工单位现场负责人双方签字或盖章,口头承诺不能作为结算的依据。

第4章　工程进度控制

4.1 工程进度计划的作用和任务

4.1.1 工程进度计划的作用

进度计划是管理工作中处于首要地位的工作。进度计划的作用主要有以下几个方面：

（1）在工程项目建设总工期目标确定后，通过进度计划可以分析研究总工期能否实现，工程项目的投资、进度和质量控制三大目标能否得到保证和平衡。

（2）通过对总工期目标从不同角度进行层层分解，形成进度控制目标体系，进而从组织上落实责任体系，确保工程的顺利进行和目标的实现。

（3）进度计划在工作时间上是实施的依据和评价的标准。实施要按计划执行，并以计划作为控制依据，最后它又作为评价和检验实际成果的标准。由于工程项目是一次性的，项目实施成果只能与自己的计划比、与目标相比，而不能与其他项目比或与上年度比。

（4）业主需要了解和控制工程，同样也需要进度计划信息，以及计划进度与实际进度比较的信息，作为项目阶段决策和筹备下一步要做事项的依据。

针对影响工程进度的诸多因素，监理应采取监理例会、专题会议等多种方式进行研究、督促，要求施工单位及时调整施工方案，尽量增加平行作业、交叉作业和加班作业，在保证质量的前提下，合理安排，科学组织施工，强化管理以保证施工总进度计划目标的实现。

4.1.2 工程进度计划的任务

1.设计准备阶段进度计划的任务

（1）收集有关进度的信息，进行进度目标和进度控制决策；

（2）编制工程项目建设总进度计划；

（3）编制设计准备阶段详细工作计划；

（4）进行环境及施工现场条件的调查和分析。

2. 设计阶段进度计划的任务

（1）编制设计阶段工作计划；

（2）编制详细的出图计划。

3. 施工阶段进度计划的任务

（1）编制施工总进度计划；

（2）编制单位工程施工进度计划；

（3）编制工程年、季、月实施计划。

为有效地控制建设工程进度，监理工程师要在设计准备阶段向建设单位提供有关进度的信息，协助建设单位确定进度总目标，并进行环境及施工现场条件的调查和分析。在设计阶段和施工阶段，监理工程师不仅要审查设计单位和施工单位提交的进度计划，更要编制监理进度计划，以确保进度控制目标的实现。

4.1.3 监理工程师在进度控制中的作用

建筑工程施工进度控制是监理工程师对质量、进度和投资三大控制内容之一。监理工程师受业主的委托在工程施工阶段实施监理时，其进度控制的总任务就是编制和审核施工进度计划，在满足工程建设总进度计划要求的基础上，对其执行情况加以动态控制，以保证工程项目实际工期在计划工期内，并按期竣工交付使用。监理工程师通常并不直接编制进度计划，但监理工程师对进度计划具有重要的影响力，这种影响力主要体现在三个方面：一是协助业主编制控制性计划；二是审核承包商的进度计划；三是督促施工单位进度计划的实施。监理工程师在进度控制中的主要作用如下所述。

1. 进度计划的编制与分解

对于规模较大的工程，监理工程师要协助业主编制进度计划，也要编制指导监理工作的监理进度计划，以便能更好地指导整个工程的进度计划；对进度计划要进行分解，即确定计划中要分解的施工过程的内容，划分的粗细程度应根据计划的性质决定，既不能太粗也不宜太细。业主的一级计划中反映的是项目各个大项的里程碑控制点安排，细度较粗；监理的二级进度计划是项目的总体目标计划，是项目实施和控制的依据，既要对承包单位的三级进度计划有切实的指导作用，又不能过于约束承包单位的计划编制和承包单位发挥各自施工优势的机会，如承包单位的劳动力充足且技术熟练、施工机具充足、有类似工程施工经验等，因此该计划的细度应根据项目的性质适度编制；三级进度计划是各个承包单位的分标段总体目标进度计划，细度要高于二级计划的细度，且在可能的情况下尽量细化。

2.对承包商编制进度计划的审查

承包商在投标书中制定了所投项目的进度计划，但这是业主授标的依据。承包商应根据现场情况制定详细的施工计划。承包商递交的施工进度计划，取得监理工程师批准后，即成为指导整个工程进度的合同目标计划，是施工工程中双方共同遵守的合同文件之一。由于该计划是以后修正计划比较的基础，同时也是处理以后可能出现的工期延误分析和索赔分析的依据之一，因此，目标进度计划很重要，工程师在审核、批准时一定要谨慎、仔细。

目标进度计划审查的主要内容有：

（1）审查计划作业项目是否齐全、有无漏项。

（2）各工序作业的逻辑关系是否正确、合理，是否符合施工程序。

（3）各项目的完工日期是否符合合同规定的各个中间完工日期（主要进度控制里程碑）和最终完工日期。

（4）计划的施工效率和施工强度是否合理可行，是否满足连续性、均衡性的要求，与之相应的人员、设备和材料以及费用等资源是否合理，能否保证计划的实施。

（5）与外部环境是否有矛盾，如与业主提供的设备条件和供货时间有无冲突，对其他标段承包商的施工有无干扰。

3.加强对进度计划的控制与审查

计划执行情况的控制与审查，要求监理工程师在建筑工程施工过程中不断收集工程的信息，审查工程实际施工进度执行情况，找出进度偏差的原因，通过督促承包商改进施工方法或修改施工进度计划，最终实现合同目标。监理工程师主要从三个方面做好工作：一是抓好对计划完成情况的审查，正确估测完成的实际量，计算已完成计划的百分率；二是分析比较，将已完成的百分率及已过去的时间与计划进行比较，每月组织召开一次计划分析会，发现问题，分析原因，及时提出纠正偏差的措施，必要时进行计划调整，以使计划适应变化的新条件，以保证计划的时效性，从而保证整个项目工期目标的实现；三是认真做好计划的考核、工程进度动态通报和信息反馈，为领导决策和项目宏观管理协调提供依据。

4.2 工程进度计划审查要点

4.2.1 工程施工进度计划的审查要点

在施工项目进度实施的过程中，由于影响工程进度的因素很多，经常会改变进度实施的正常状态，从而使实际进度出现偏差。为了有效地进行施工进度控制，监理工程师和施工单位进度控制人员必须经常地、定期地跟踪审查施工实际进度情况，收集有关施工进度情况的数据资料，进行统计整理和对比分析，确定施工实际进度与计划进度之间的关系，提出工程施工进度控制报告。

1.施工进度计划审查主要内容

（1）跟踪审查施工实际进度，收集有关施工进度的信息。跟踪审查施工项目的实际进度是进度控制的关键，其目的是收集有关施工进度的信息。而审查信息的质量直接影响施工进度控制的质量和效果。

1）跟踪审查的时间周期。跟踪审查的时间周期一般与施工项目的类型、规模、施工条件和对进度要求的严格程度等因素有关。通常可以确定每月、半月、旬或周进行一次；若在施工中遇到天气、资源供应等不利因素的影响时，跟踪审查的时间周期应缩短，审查次数相应增加，甚至每天审查一次。

2）收集信息资料的方式和要求。收集信息资料一般采用进度报表方式和定期召开进度工作汇报会的形式。为了确保数据信息资料的准确性，监理和施工进度控制人员要经常深入到施工现场去察看施工项目的实际进度情况，经常地、定期地、准确地测量和记录反映施工实际进度状况的信息资料。

（2）整理统计信息资料，使其具有可比性。将收集到的有关实际进度的数据资料进行必要的整理，并按计划控制的工作项目进行统计，形成与施工计划进度具有可比性的数据资料、相同的单值和形象进度类型。通常采用实物工程量、工作量、劳动消耗量或累计完成任务量的百分比等数据资料进行整理和统计。

（3）施工实际进度与计划进度对比，确定偏差数量。工程施工的实际进度与计划进度进行比较时，常用的比较方法有横道图比较法和S形曲线比较法，另外还有香蕉型曲线比较法、前锋线比较法、普通网络计划的分割线比较法和列表比较法等。实际进度与计划进度之间的关系有一致、超前和拖后三种情况，对于超前或拖后的偏差，还应计算出审查时的偏差量。

（4）根据施工实际进度的审查结果，提出进度控制报告。进度控制报告是将实际进度与计划进度的审查结果比较、有关施工进度的现状和发展趋势以及施工单位应定期向监理工程师提供有关进度控制的报告，同时也是提供给项目经理、业务职能部门的进度情况汇报。

1）施工进度控制报表。工程施工进度报表不仅是监理工程师实施施工进度控制的依据，同时也是监理工程师签发工程进度款支付凭证的依据。一般情况下，施工进度报表格式由监理单位提供给施工单位，施工单位按时填写完毕后提交给监理工程师核查。报表的内容根据施工对象及承包方式的不同而有所区别，但一般应包括工作的开始时间、完成时间、持续时间、逻辑关系、实物工程量以及工作时差的利用情况等。施工单位应当准确地填写施工进度报表，监理工程师能从中了解到建筑工程施工的实际进展情况。

2）召开工地协调例会。在施工过程中，总监理工程师根据施工情况每周主持召开工地例会或不定期召开协调会议。工地例会的主要内容是审查分析施工进度计划完成情况，提出下一阶段施工进度目标及其落实措施。施工单位应汇报上周的施工进度计划执行情况，工程有无延误，如有工程延误应说明延误的原因，以及下周的施工进度计划安排。通过这种面对面地交谈，监理工程师可以从中了解到施工进度是否正常，发现施工进度计划执行过程中存在的潜在问题，以便及时采取相应的措施加以预防。

4.2.2 实际进度与计划进度的对比

施工进度审查的主要方法是对比分析法，将经过整理的实际施工进度数据与计划施工进度数据进行比较，从中分析是否出现施工进度偏差。如果没有出现施工进度偏差，则按原施工进度计划继续执行；如果出现施工进度偏差，则应分析进度偏差的大小。

通过审查分析，如果施工进度偏差比较小，应在分析其产生原因的基础上采取有效措施，如组织措施或技术措施，解决矛盾，排除不利于进度的障碍，继续执行原进度计划；如果经过分析，确实不能按原计划实现时，再考虑对原计划进行必要的调整或修改，即适当延长工期，或改变施工速度，或改变施工内容。

施工进度计划的不变是相对的，改变是绝对的。施工进度计划的调整一般是不可避免的，但应当慎重，尽量减少重大的计划性调整。

4.3 工程进度控制内容及方法、措施

4.3.1 工程进度控制的监理工作内容

（1）审批进度计划。根据工程的条件全面分析承包单位编制的施工总进度计划的合理性、可行性。根据季度及年度计划，分析承包单位主要工程材料供应等方面的配套安排。

（2）进度计划的实施督促。在计划实施过程中，对承包单位实际进度按周、月、季度进行检查，并记录、评价和分析。发现偏高及时要求承包单位采取措施；实现计划进度的安排；其中周计划的检查和纠偏作为重点来控制。

（3）工程进度计划的调整一发现工程进度严重偏离计划时，由总监理工程师

组织各方召开协调会议，研究并采取各种措施，保证合同约定目标的实现。

4.3.2 工程进度控制的方法

1.严格审查承包商的施工组织设计

（1）建立施工组织计划报审制度，要求施工承包单位必须编报施工总进度计划、季度计划、月度（周）动态计划，监理工程师依据合同、批准的施工组织设计和工程需要，着重对计划的可行性、合理性和延期风险进行评审，防止因进度计划安排不合理造成工期延误。

（2）督促承包商施工组织设计编制时遵照"严守合约、综合平衡、积极可靠、留有余地、确保关键、兼顾一般"的原则。

（3）在施工组织设计中，提倡采用网络技术、方针目标管理、全面质量管理、ABC法等现代化企业管理手段。

（4）在施工组织设计审查时，特别重视下述各内容：

1）工期安排的合理性；

2）施工准备工作的可靠性；

3）工序之间的合理衔接；

4）施工方法的可靠性以及与承包商施工经验、施工实际水平的适应性；

5）关键线路上劳动力、设备安排是否妥当；

6）进度计划是否留有余地，计划调节的可能性；

7）人、机、料、法、环之间的协调性。

（5）在工程施工进入高峰期后，要求施工单位编排不同工种之间的穿插配合工作计划、材料供应和施工机械准备计划，避免因工、料、机配合脱节造成工期拖延；对同时交叉施工较多、专业施工单位多的施工段，要求承包单位编制专门的协调组织方案。

2.进度计划的编制

（1）进度计划编制的原则

监理工程师要求承包商在编制工程进度计划时，必须根据合同条件及技术规范的要求，在确保工程质量的前提下，保证计划工期的真实、可靠，并符合实际，进度计划应清楚、明了，便于管理，能表述施工中的全部活动及其他的相关联系，反映施工组织及施工方法，充分使用人力和设备，并已考虑可能出现的施工障碍及变化。

（2）进度计划编制的依据

1）施工合同文件中规定的合同工期、开工日期及竣工日期；

2）投标书确认的工程进度计划及施工方案；

3）主要材料和设备的采购合同及供应计划；

4）工程现场的特殊环境及气候条件；

5）施工人员的技术素质及设备能力；

6）已建成的同类工程实际进度及经济指标等。

（3）进度计划的划分

根据项目实施的不同阶段，分别编制总体进度计划及年、月进度计划；对于某些起控制作用的关键部位或工序，还应单独编制周工程进度计划。

（4）总体进度计划的内容

1）工程项目的合同工期；

2）完成各分部、分项工程及某些关键线路所需的工期、最早开始和最迟结束的时间；

3）各分部、分项工程及某施工阶段需要完成的工程量及现金流动估算；

4）各分部、分项工程及某施工阶段需要配备的人力和机械设备的数量；

5）各分部、分项工程的施工方案和施工方法、质量保障措施、施工安全措施等。

（5）年度进度计划的内容

1）本年度计划完成的分部、分项工程及施工阶段的工程项目内容、工程数量及投资指标；

2）施工队伍和主要施工设备的数量及调配顺序；

3）不同季节及气温条件下各项工程的时间安排；

4）在总体进度计划下，对各分项工程进行局部调整或修改的详细说明等。

（6）月（季）度进度计划的内容

1）本月（季）度计划完成的分项工程内容及顺序安排；

2）完成本月（季）度及各项工程的工程数量及投资额；

3）完成各分项工程的施工队伍及人力和主要设备的配额；

4）在年度计划下对各单位工程或分项工程进行局部调整或修改的详细说明等。

（7）对于关键单位工程或分项工程，还应制订周计划

（8）关键工程进度计划的内容

1）具体施工方案和施工方法、质量保障措施、施工安全措施；

2）总体进度计划及各道工序的控制日期；

3）现金流动估算；

4）各施工阶段的人力和设备的配额及运转安排；

5）对总体进度计划及其他相关工程的控制、依赖关系和说明等。

（9）进度计划的表示方式

总体进度计划及关键项目的工程计划，按网络图、横道图、斜道图或进度曲线等方式表示；年度、月（季）度进度计划可采作横道图、进度曲线及有关形象进度图表示。

3.进度计划的审批

进度计划的提交

1）总体性进度计划

在中标通知书发出后，合同规定的时间内，总监理工程师要求承包人书面提交以下文件：

①一份详细和格式符合要求的工程总体进度计划及必要的某些关键工程的进度计划；

②一份有关全部支付的现金流动估算；

③一份有关施工方案和施工方法、质量保障措施、施工安全措施的总说明（即通过施工组织设计提出）。

总监理工程师对上述计划进行审查。

2）阶段性进度计划

总监理工程师应要求承包人根据批准的总体进度计划编制年计划、季计划、月计划，先审查后报总监理工程师办批准下达。在将要开工以前或在开工以后合理的时间内，监理工程师应要求承包人提交以下文件：

①年度计划及现金流动估算；

②月（季）进度计划及现金流动估算；

③分项（或分部）工程的进度计划。

3）进度计划的审查步骤

监理工程师组织有关人员对承包人提交的各项进度计划进行审查，并在合同规定或满足施工需要的合理时间内审查完毕。审查工作应按以下程序进行：

① 阅读文件、列出问题、进行调查了解；

② 提出问题并与承包人进行讨论或澄清；

③ 对有问题的部分进行分析，向承包人提出修改意见；

④审查批准承包人修改后的进度计划。

4）进度计划的审查内容

①工期和时间安排的合理性：

施工总工期的安排应符合合同工期要求；

各施工阶段或单位工程（包括分部、分项工程）的施工顺序和时间安排应与材料和设备的进场计划相协调；

易受炎热、雨季等气候影响的工程应安排在适宜的时间施工，并应采取有效地预防和保护措施；

对动员、清场、假日受天气影响的工作，应有充分的考虑并留有余地。

②施工准备的可靠性：

所需主要材料和设备的到位已有保证；

主要骨干人员及施工队伍的进场时间已经落实；

施工测量、材料检查及标准试验的工作已经解决；

驻地建设、进场装修及供电、供水等问题已经完成。

③计划目标与施工能力的适应性：

各阶段或单位工程计划完成的工程量及投资额应与承包人的设备和人力实际状况相适应；

各项施工方案和施工方法应与承包人的施工经验和技术水平相适应；

关键线路上的施工力量安排应与非关键线路上的施工力量安排相适应。

4.进度计划的检查

（1）每月进度检查记录

专业监理工程师要求承包人按单位工程、分项工程或工点对实际进度进行记录，并予以检查，以作为掌握工程进度和进行决策的依据。每日进度检查记录包括以下内容：

1）当日实际完成及累计完成的工程量；

2）当日实际参加施工的人力、机械数量及生产效率；

3）当日施工停滞的人力、机械数量及其原因；

4）当日承包人的主管及技术人员到达现场的情况；

5）当日发生的影响工程进度的特殊事件或原因；

6）当日天气情况等。

（2）每月工程进度报告

总监理工程师应要求承包人根据现场提供的每日施工进度记录，及时进行统计和标记，并通过分析和整理，每月向业主提交一份每月工程进度报告。包括以下主要内容：

1）概括或总说明：以记事方式对计划进度执行的情况提出分析；

2）工程进度：以工程数量清单所列细目为单位，编制出工程进度累计曲线和完成图片金额的进度累计曲线；

3）工程：显示关键线路上（或主要工程项目上）一些施工活动及进展情况；

4）财务状况：主要反映承包人的现金流动、工程变更、价格调整、索赔款支付及其他财务支出情况；

5）其他特殊事项：主要记述影响工程进度或造成延误的因素及解决措施。

（3）进度控制图表

监理工程师编制和建立各种用于记录、标记、统计、反映工程进度与计划工程进度差距的进度控制图及进度统计表，以便随时对工程进度进行分析和评价，并作为要求承包人加快工程进度、调整进度计划或采取其他合理措施的依据。

5.进度计划的调整

（1）实际进度符合计划进度

在工程实施期间，如果实际进度（尤其是关键线路上的实际进度）与计划进度基本相符时，监理工程师不应干预承包人对进度计划的执行；但应及时掌握影响或妨碍工程进展的不利因素，促进工程按计划进行。

（2）进度计划的调整

监理工程师发现工程现场的组织安排、施工顺序或人力和设备与进度计划上的方案有较大不一致时，应要求承包人对原工程进度计划及现金流动计划予以调整，调整后的工程进度计划应符合工程现场实际，并满足合同工期的要求。调整工程进度计划，主要调整关键线路上的施工安排，对于非关键线路，如果实际进度与计划进度的差距并不对关键线路上的实际进度造成不利影响时，监理工程师可不必要求承包人对整个工程进度计划进行调整。

（3）加快工程进度

在承包人没有取得合理延期批复的情况下，监理工程师认为实际进度过慢，将不能按照进度计划在预定的竣工日期完成工程时，要求承包人采取加快进度的措施，以赶上工程进度计划中的阶段目标或总体目标。承包人提出和采取加快工程进度的措施必须经过监理工程师批准。批准时注意以下事项：

1）只要承包人提出的加快工程进度措施符合施工程序并能确保工程质量，监理工程师应予以批准；

2）因采取加快工程进度措施而增加的施工费用由承包人自负；

3）因增加夜间施工或法定节日施工而涉及业主的附加督促管理（包括监理）费用，应由承包人负担，费用数额及支付方式由业主、监理工程师及承包人协商确定。

（4）进度计划的延期

承包人在实际施工中遇到不可预见或不可抗力因素，因而使工程进度延误时，总监理工程师提请业主依照合同的规定批准承包人延长工期的请求。批准延期后，监理工程师要求承包人对原来的工程进度计划及现金流动计划予以调整，并按调整后的进度计划实施。

（5）进度计划的延误

由于承包人的原因造成工程进度的延误，而且承包人拒绝接受监理工程师加快工程进度的指令，或虽采取了加快工程进度的措施，但仍然赶不上预期的工程进度并将使工程在合同工期内难以完成时，监理工程师对承包人的施工能力重新进行审查和评价，发出书面警告，并向业主提出书面报告，必要时建议对工程的一部分实行强制分割或考虑更换承包人。

6. 工地会议制度

（1）通过工地每周一次的协调会和不定期的专项协调会议，听取建设各方工作进展情况和需要协调协同解决的事项，一般性问题于会中给予协调解决，对复杂的问题与会后专门召集相关人员召开专题协调会解决。

（2）通过各种协调会议，监理人员协助承包单位优化进度计划安排，对施工过程中遇到的难题出谋献策协同解决，特别是协助解决好外部关系协调、施工区段间的协调、设计供图协调等，为承包单位创造一个良好的施工环境。

7. 建立工程进度控制信息档案

（1）监理部设专人进行工程进度控制信息档案的管理。

（2）除采用传统形象进度图、直方图等直观图表进行工程进度管理外，目前各工程项目监理部均采用计算机技术对工程进度进行信息处理分析。

8. 对影响进度的各种因素进行控制，确保合同工期如期实现

（1）在工程进度控制上，监理部密切注意实际施工中影响进度的诸多因素，对影响进度的原因组织分析会，属于内部原因造成的，督促承包商采取措施改进，确保合同工期的如期实现。

（2）如工程进度滞后是由第三方原因造成而可以通过协调处理解决的，监理工程师积极进行协调，排除干扰因素，促进工程进度顺利进展。

（3）如工程进度滞后的原因，非协调可以解决的，且又符合合同规定的工程延期条件的，可由承包商按规定提出工期延期报告，由监理审查属实后，报业主批准后执行。

4.3.3 工程进度控制的措施

监理工程师进度控制的措施应包括组织措施、技术措施、经济措施和合同措施。

（1）组织措施。进度控制的组织措施主要包括：建立进度控制目标体系，明确工程现场监理机构进度控制人员及其职责分工；建立工程进度报告制度及进度信息沟通网络；建立进度计划审核制度和进度计划实施中的检查分析制度；建立进度协调会议制度，包括协调会议举行的时间、地点、参加人员等；建立图纸审查、工程变更和设计变更管理制度。

（2）技术措施。进度控制的技术措施主要包括：审查承包商提交的进度计划，使承包商能在合理的状态下施工；编制进度控制工作细则，指导监理人员实施进度控制；采用网络计划技术及其他科学适用的计划方法，并结合计算机的应用，对建设工程进度实施动态控制。

（3）经济措施。进度控制的经济措施主要包括：及时办理工程预付款及工程进度款支付手续，对应急赶工给予优厚的赶工费用，对工期提前给予奖励，对工程延误收取误期损失赔偿金。

（4）合同措施。进度控制的合同措施主要包括：推行CM承发包模式，对建设工程实行分段设计、分段发包和分段施工；加强合同管理，协调合同工期与进度计划之间的关系，保证进度目标的实现；严格控制合同变更，对各方提出的工程变更和设计变更，应严格审查后再补入合同文件之中；加强风险管理，在合同中应充分考虑风险因素及其对进度的影响，以及相应的处理方法；加强索赔管理，公正地处理索赔。

4.4 影响工程进度的不利因素及监理对策

4.4.1 影响工程进度的不利因素

要有效地控制工作施工进度，就必须对有影响工程进度的因素进行分析，事先采取措施，以避免或尽量缩小计划进度与实际进度的偏差。为此，监理工程师首先必须合理确定项目进度的目标。影响施工进度的因素多，因此力求做好对进度的主动控制，及时排除一些影响的因素，通常影响工程项目进度的因素有以下几方面：

1. 相关单位工期的控制点

影响施工工期计划实施的不仅是承建单位，而往往涉及多个单位，如设计单位、材料供应单位以及与工程建设有关的运输部门、通信部门、供电部门的工作进度。这些相关单位中任何一个部门的工作拖延都必将对工程项目的施工进度产生影响。因此，监理工程师对工程进度的控制仅注意承建单位的施工进度是不完全的，还应注意有关单位的工作进度如何相协调配合才能有效地控制工程项目施工进度。

2.设计变更因素的控制点

一项工程在施工中，设计变更是常遇的事，但设计变更又往往是实施进度计划的最大干扰因素。因为设计变更，有时改变工程的部分功能；或大量的增加或减少施工的工程量；甚至因设计的错误或大的改变而不得不打乱原定的工程项目施工进度计划。致使工期拖延或停顿，因此监理工程师对设计变更应持慎重态度，综合考虑。

3.材料物资供应的工期的控制点

施工中往往发生需要使用的材料或机具不能按期运抵施工现场，或运到现场后发现其质量不符合合同中规定的技术标准，从而造成现场停工待料，影响施工进度。

4.资金原因的控制点

施工准备期间，往往就需要动用大量资金用于材料的采购，资金不足，必将影响施工进度；在施工期间，建设单位要按照《工程施工合同》及工程量完成情况支付承建单位的工程进度款，如建设单位资金不能保障支付，就会直接影响施工进度。因此在控制施工进度中，既要制止承建单位提前开工某个项目而出现的资金短缺，又要促使建设单位履行合同支付工程款。

5.不利的施工条件的控制点

工程施工中，往往遇到比设计和合同条件中所预计的施工条件更为困难的情况。这种情况特别是在雨季施工中更为常见。如下雨天运料车不能及时进场等，这些情况一旦出现是必然影响工程进度的。

6.技术原因的控制点

技术原因也往往是造成工程进度拖延的一个因素。特别是承建单位对某些施工技术过于低估其难度时，或对设计意图及技术规范未完全领会而导致工程质量出现问题，这些都会影响工程施工进度。为此，监理工程师要帮助承建单位对技术疑难的工程确定合理的施工方案，组织技术交底和图纸会审，以防止承建单位盲目施工，确保工程进度计划的实施。

7.施工组织不当的控制点

由于施工现场多变，常会因劳动力或机具的调配不当而造成对工程进度的影响，因此监理工程师应协助承建单位及时做好计划的调整工作，以确保进度计划的实现。

8.不可预见的控制点

如施工中出现恶劣气候条件、自然灾害、工程事故等都必将影响工程进度。

由于影响施工进度的因素繁多而复杂，如恶劣的气候条件和自然灾害等是无法避免的，但有些影响的因素，在监理工程师掌握了进度实施状态以及产生的原因后，协助承建单位排除或采取相应解决措施，其影响的程度可能会减少，有的通过有效的措施可得到弥补。

4.4.2 监理对策

（1）建立高效团队，实施科学管理；

（2）以进度计划为主，制订其他计划；

（3）建立完善的预算评价指标体系；

（4）关注预算道德。

总之，应着眼于企业的长远利益，具有战略眼光，应该将预算管理作为企业的各项全面管理系统工程加以重视。加强和改善企业财务全面预算管理是实现管理创新、推动企业管理工作水平更上一台阶的重要环节。只有真正建立和完善资金管理的运行机制和信息网络，集中管理才能促使货币资金的良性循环，最大限度提高资本运营效能。

4.5 工程进度控制实例

郑州大上海城步行街项目案例分析

结合郑州大上海城步行街项目工期实际，针对其工程施工时间要求短、地质条件复杂、施工干扰因素多等情况，从工程施工进度控制的基本理论出发，重点论述了该工程进度控制过程，并分析了如何处理进度与工程质量及成本之间的关系，以及进度控制实施中取得的成效。

1.项目概况

郑州大上海城步行街工程项目总占地面积约103亩，总建筑面积约28万m^2，投资额约15亿元人民币。工程主体是现浇混凝土框架结构，抗震设防类别为乙类。目前，有三个区（单项工程）正在建设施工，总开工建设面积近18万m^2。该工程对建设工期要求紧迫，时间弹性小，工程本身建设规模大，设计变更多，施工条件、施工工艺复杂，场地狭窄，施工单位多，施工交叉作业频繁等特点，按照进度控制的一般过程，从施工进度计划的编制，到施工实施过程中的检查与调整，其中进度计划的合理与否是进度控制的前提，施工过程中的检查、调整与处理是进度控制的关键。

2. 工程施工进度计划编制

工程施工进度计划是工程施工中的重要指导文件。针对工程施工的特点，科学安排进度计划，以控制时间和节约时间，对保证施工项目按期完成，合理安排资源供应、节约工程成本具有积极意义。

郑州大上海步行街二区（金街）工程，地下一层为设备用房，地下两层车库，总建筑面积约23196.09m²，建筑类别一级，耐火等级一级；主体结构为框架结构，抗震类别乙级，设防烈度7度，基础墩式筏板基础，地下水位在地表下-3.0m左右。该工程的计划总工期为200天，根据工程工期与招标文件与业主相关的要求，施工单位依据"先地下，后地上""先土建，后安装"、装饰工程穿插进行的施工原则；并结合工程结构特征、工程施工方案、主要材料和设备的采购合同及供应计划、工程现场的实际情况及环境气候条件，施工人员的技术素质及设备能力等，制订了施工总进度计划，并制订了随时根据变化情况调整施工作业的控制计划，施工单位工程施工工期计划地下工程55天，主体工程95天，装饰及竣工验收50天，并绘制了施工进度网络图，采用网络计划来确定本工程进度关键线路并用来指导施工。

在制订计划时，还运用了工程进度曲线法，它是在施工进度计划的基础上，根据各项工程施工作业时间及施工工程量的分布，绘制成的施工工程量累计曲线。进度曲线以坐标横轴为工期，以坐标竖轴为完成施工任务工程量的累计数（以百分率计）。进度控制时把原来施工进度计划的工程进度曲线与施工实际完成的工程进度曲线绘在同一张图纸上，并对计划进度曲线与实际进度曲线进行对比分析，根据分析的具体情况，采取相应的措施，调整计划，以确保工程施工按期完成。

3. 工程施工实际进度检查

进度计划实施过程中，进度控制人员需要对整个工程实际施工进度进行经常性地、定期性地跟踪观测与记录，了解施工的实际进度情况，建立工程分项的月、周进度控制图与控制表等，对收集到的施工实际进度数据，必须进行必要的整理，按照计划控制进行统计，为进度对比分析提供相应的数据、资料。

工程进程中，施工单位、监理工程师广泛采用了工程形象进度图、工程形象进度控制表等反映工程实际进度的方法，并与施工进度计划时间相比较，方便各方随时掌握各专业分项工程施工的实际进度与计划间的差距。当出现差距时，监理工程师与业主可以及时向施工单位发出进度缓慢信号，分析造成进度缓慢的原因，并要求施工单位采取相关措施，保证工期的完工。

第5章　工程合同管理

5.1 合同台账的建立

在建设工程施工的各个阶段，相关各方所签订的合同数量较多，而且在合同执行过程中，有关条件及合同内容也可能会发生变更，面对数量大、类型多、金额大、涉及广、收付数量频繁的合同管理要求，要做好合同的日常登记和合同执行进度的动态更新，建立一个方便易用的合同管理台账，将会明显提高合同管理的工作效率。因此，为了有效地进行合同管理，项目监理机构首先应建立合同台账。

5.1.1 合同台账的含义

合同台账就是用表格（纸质或电子形式）的方式将日常合同中的一些信息进行登记、编号，与合同归类存档相配合，方便日常的查找以及信息查询。主要内容包括合同编号、合同名称、合同工期、期限、合同主体单位、合同金额、付款方式等其他日常可能需要频繁查询的信息。收到合同要及时编号、登记、存档。定期对合同台账进行检查，对遗漏的信息进行补充，并根据合同台账督促合同履约情况，发现违约风险及时预警。建立合同台账，要全面了解各类合同的基本内容、合同管理要点、执行程序等，然后进行分类，用表格的形式动态地记录下来。

5.1.2 建立工程合同台账作用

（1）建立基建项目合同台账，将每个子合同的数据信息细化。

（2）防范付款差错，降低风险。建立合同台账，能够将每个合同信息单独管理，包括合同总金额、付款进度、欠付款、履约和质保金留存情况以及审计定案情况等，为工程建设资金的阶段筹集提供依据，最重要的是能够根据合同明确控制总包及各个甩项合同的付款进度和比例，杜绝"冒付"等差错情况的发生，降低付款风险。

（3）快速、准确地采集数据信息。

（4）利用合同台账，可以将每个合同的预付备料款和欠付相关单位的应付工程款情况登记反映其中，并根据相关单位的发票数额及时准确地清理往来款项。

（5）为工程项目竣工财务决算打下坚实的基础。

5.1.3　建立工程合同台账的方法步骤

工程合同台账可以采用一般纸质和电子表格两种形式。

1. 纸质手工台账

一般的纸质手工台账，是采用传统的手工记账的方式登记台账的方法。该方法适合工程项目合同相对较少，工程量小，工程款结算方式单一的单位。

2. 电子表格台账

电子表格台账，是利用Microsoft Office Excel软件直接在计算机中编辑和登记的表格形式的台账。电子表格台账适合工程项目合同数量多、付款次数和施工供货单位多，工程量大，工程款结算方式多样。

5.1.4　建立合同管理台账时应注意事项

（1）明确建立合同台账管理制度的目的和意义；

（2）根据企业自身特点设立台账；

（3）建立时要分好类，可按专业分类，如工程、咨询服务、材料设备供货等；

（4）要事先制作模板，分总台账和明细统计表等；

（5）由专人负责跟踪进行动态填写和登记，同时要有专人进行检查、审核填写结果；

（6）要定期对台账进行分析、研究，发现问题及时解决，推动合同管理系统化、规范化。

5.1.5　工程合同台账管理制度

（1）为保证合同台账资料完整、统一，规范企业各类合同的管理，特制定本办法。

（2）凡以公司名义签订的合同，均应由合同管理人员依照本办法建立合同台账，并向公司合同管理部门备案。

（3）合同管理人员负责合同台账的登记、资料的收集、保管等工作。

（4）合同管理人员应在合同签订生效后三日内建立合同台账，并对重大合同进行备案审查。

（5）合同台账采用表格式，一份合同填写一张表格，建立一份档案。

（6）合同台账应包括以下内容：

1）合同名称；

2）合同主体；

3）合同内容（含：标的、数量、价款或者酬金、履行期限、地点和方式、违约责任、解决争议的方法及其他须注明的事项）；

4）合同履行情况（有无违约、争议、诉讼等情况及合同履行完毕的时间）；

5）合同所附资料；

6）其他应当记载的重要内容。

（7）合同台账应附以下资料：

1）合同正本或副本；

2）对《企业法人营业执照》和资质等级证明等资料的复印件；

3）对方法定代表人身份证明和委托代理人授权委托书及代理人身份证明；

4）补充合同、会议纪要、往来函电；

5）有关的重要资料。

（8）合同台账管理人员，有权对合同及所附资料进行审查，发现程序不符、内容有误或资料不全等问题时，应及时要求合同签订人员采取措施予以纠正或补充资料，以保证合同的签订和履行合法有效。

（9）使用或借用合同台账资料，应当办理使用或借用手续，使用人或借用人应妥善保管合同资料，不得损坏或遗失，更不得擅自涂改或更换；办理结束后，应及时将使用或借用的合同资料归还合同台账管理人员。若违反前款规定给企业造成不良后果，将追究相关责任人责任。

5.2 工程监理合同文件解释顺序

合同文件应能相互解释，互为说明。除专用条款另有约定外，组成本合同的文件及优先解释顺序如下：

5.2.1 监理合同的组成及解释顺序

（1）协议书；

（2）中标通知书；

（3）投标文件；

（4）通用合同条款；

（5）专用合同条款；

（6）附录A和附录B。

5.2.2 监理合同解释顺序

（1）协议书；

（2）中标通知书（适用于招标工程）或委托书（适用于非招标工程）；

（3）通用合同条款；

（4）专用合同条款；

（5）附录A和附录B；

（6）投标文件（适用于招标工程）或监理与相关服务建议书（适用于非招标工程）。

5.3 工程施工合同文件解释顺序

5.3.1 合同文件的组成

标准施工合同的通用条款中规定，合同的组成文件包括：

（1）合同协议书；

（2）中标通知书；

（3）投标函及投标函附录；

（4）专用合同条款；

（5）通用合同条款；

（6）技术标准和要求；

（7）图纸；

（8）已标价的工程量清单；

（9）其他合同文件一经合同当事人双方确认构成合同的其他文件。

5.3.2 合同文件的有限解释次序

（1）施工合同协议书；

（2）中标通知书；

（3）投标书及其附件；

（4）施工合同专用条款；

（5）施工合同通用条款；

（6）标准、规范及有关技术文件；

（7）图纸；

（8）工程量清单；

（9）工程报价单或预算书。

5.4 合同管理的主要工作内容

建设单位同参与建设的各方签订的合同是监理依据之一，它是整个建设活动的主线。只有熟悉合同内容和条款，对实际工作中遇到的问题才会做出快速而正确的决策；有许多内在和外在的因素会促使合同的某些条款发生争议或变更，这就需要监理加强合同管理工作。

5.4.1 合同文件的种类及构成

（1）勘察、设计合同；

（2）建筑施工合同：

1）工程总承包、分包合同；

2）施工投标文件和中标通知书；

3）工程保修协议；

4）补充协议。

（3）设备采购合同；

（4）工程监理委托合同。

5.4.2 合同管理的主要工作内容

是指为实现预期的管理目标，运用管理职能和管理方法，对工程承包合同的订立和履行行为实施管理活动的过程。

1.合同签订前合同管理的主要内容

签订前管理主要是对承包方的资格、资信和履约能力进行预审。预审的主要内容：

（1）必须有经建设主管部门审查并签发的，具有承包合同规定的建设工程资质等级证书；

（2）必须是经工商行政管理机关登记注册，给予营业执照，实行独立核算的承包企业；

（3）具有对拟发包的建设工程施工的实际能力，包括施工技术人员、管理人员和技术工人素质，主要施工机械设备情况；

（4）财务情况。包括资金情况，特别是流动资金情况，以及近几年经营效益；

（5）社会信誉。包括已承接的施工任务及完成情况、合同履约情况。

对承包方的资格预审，招标工程可以通过招标预审进行；非招标工程可通过社会调查进行。经过对承包方的资格审查，认为可以将建设工程委托其施工，就可以与其进行签订合同谈判。经过谈判后，双方对施工合同内容取得完全一致意见后，即可正式签订合同文件，经双方签字、盖章后，施工合同就正式生效。

（6）履行发包方的合同管理职责，主要从以下几方面进行管理：

1）严格按照合同规定，履行应尽义务。只有这样，才能有权要求承包方履行合同。

2）按施工合同规定行使权利。在施工合同履行管理中，发包方主要行使工期控制权、质量检验权和数量验收权。

3）按施工合同行使竣工验收权和履行工程竣工结算义务。

4）发包方的档案管理应按照国家《档案法》及有关规定，建档保管。

2.合同签订及履行阶段的管理内容

（1）组织做好合同评审工作

在合同订立前，合同主体相关各方应组织工程管理、经济、技术和法律方面的专业人员进行合同评审，应用文本分析、风险识别等方法完成对合同条件的审查、认定和评估工作，采用招标方式订立合同时，还应对招标文件和投标文件进行审查、认定和评估。合同评审主要包括下列内容：

1）合法性、合规性评审。保证合同条款不违反法律、行政法规、地方性法规的强制性规定，不违反国家标准、行业标准、地方标准的强制性条文；

2）合理性、可行性评审。保证合同权利和义务公平合理，不存在对合同条款的重大误解，不存在合同履行障碍；

3）合同严密性、完整性评审。保证与合同履行紧密关联的合同条件、技术标准、技术资料、外部环境条件、自身履约能力等条件满足合同履行要求；

4）与产品或过程有关要求的评审。保证合同内容没有缺项漏项，合同条款没有文字歧义、数据不全、条款冲突等情形，合同组成文件之间没有矛盾。通过招投标方式订立合同的，合同内容还应当符合招标文件和中标人的投标文件的实质性要求和条件；

5）合同风险评估。保证合同履行过程中可能出现的经营风险、法律风险处于可以接受的水平。

合同评审中发现的问题，应以书面形式提出，并对问题予以澄清或调整。合同当事方还可根据需要进行合同谈判，通过协商、细化、完善、补充、修改或另行约定合同条款和内容。

（2）制定完善的合同管理制度和实施计划

合同相关各方应加强合同管理体系和制度建设，做好合同管理机构设置和合同归档管理工作，配备合同管理人员，制定并有效执行合同管理制度，如合同目标管理制度、合同评审会签制度、合同交底制度、合同报告制度、合同文件资料归档保管制度、合同管理评估和绩效考核制度。

合同实施计划是保证合同履行的重要手段，合同相关各方应根据合同编制合同实施计划。合同实施计划应包括：①合同实施总体安排；②合同分解与管理策划；③合同实施保证体系的建立。其中，合同实施保证体系应与其他管理体系协调一致。还应建立合同文件沟通方式、编码系统和文档系统。

（3）落实细化合同交底工作

在合同履行前，需了解掌握合同条款内容，对合同进行仔细研读，进行总体和专题性分析。合同各方的相关部门和合同谈判人员应对项目管理机构进行合同交底，合同交底应包括下列内容：

①合同的主要内容；

②合同订立过程中的特殊问题及合同待定问题；

③合同实施计划及责任分配；

④合同实施的主要风险；

⑤其他应进行交底的合同事项。

通过合同交底，应对合同的主要内容及存在的风险做出解释和说明，使相关人员熟悉合同中的主要内容、各种规定及要求、管理程序，了解自己的合同责任、工作范围以及法律责任，确保在执行合同时不出或少出偏差。合同交底可用书面、电子数据、视听资料和口头的形式实施，书面交底的应签署确认书。

（4）及时进行合同跟踪、诊断和纠偏

合同相关各方应在合同实施过程中采用PDCA循环（计划—执行—检查—处置）方法定期进行合同跟踪诊断和纠偏，主要开展工作如下：①对合同实施信息进行全面收集、分类处理，将合同实施情况与合同实施计划进行对比分析，查找合同实施中的偏差；②定期对合同实施中出现的偏差进行定性、定量分析，包括原因分析、责任分析以及实施趋势预测，通报合同实施情况及存在的问题；③根据合同实施偏差结果制定合同纠偏措施或方案，并与其他相关方沟通协调配合；④采用闭环管理的方法对识别出的偏差、问题及其纠偏、改进实施情况进行持续跟踪，直至落实完成。

应严格执行合同管理工作程序和报告、文档制度，在收到合同相对方的信函、文书、会议纪要等文件后，应及时回复并存档；对合同履行中出现的问题应及时详细地加以记录，并根据实际情况制定出切实可行且有效的处理措施和应对策略。对合同履行过程中出现的问题和需要商定的事项应及时组织各方进行商谈，对商谈结果给予有效记录，如组织起草、签署合同补充协议书、会议纪要、备忘录等，并及时落实跟踪商定的事项。

（5）灵活规范处理合同变更问题

由于工程建设的复杂性和不确定性，随着项目的逐步实施，经常会出现新情况、新问题，可能发生合同变更，并产生资源投入变化、费用变化和对工期的影响，容易导致合同双方的利益冲突，需要提前预判、及时灵活处理。合同变更管理包括变更依据、变更范围、变更程序、变更措施的制定和实施，以及对变更的检查和信息反馈工作。合同相关各方应按照规定实施合同变更的管理工作，将变更文件和要求传递至相关人员。

（6）开发和应用信息化合同管理系统

基于计算机和互联网技术的线上合同管理系统是实现信息共享、协同工作、过程控制、实时管理的重要手段。

应建立线上合同管理系统，通过数据库技术，实现结构化的合同数据和文件管理，方便管理人员对合同进行归类、统计、跟踪等工作；可采用移动终端、计算机终端、物联网技术或其他技术对合同实施过程中的数据进行及时准确地采集，形成相关电子报表和图表，获得合同实施动态信息，并预测趋势辅助决策；可通过权限设置和任务分配，实现参与人员串行审批或并行审批，实现无纸化办公、多人协调办公；合同管理系统还可以提供合同数据库，如合同范本、法律法规、物价、财务、税务、保险等内容，以方便工作人员查阅使用。

（7）正确处理合同履行中的索赔和争议

对合同履行过程中出现对方的违约情况或违反合同的干扰事件，应及时查明原因，通过取证，按照合同的规定，及时、合理、准确地向对方提出索赔报告；当接到对方索赔后，应严格审核对方提出的索赔要求，分析索赔成立条件和理赔依据，并及时处理，同时，应防止事态扩大，避免更大损失。

（8）开展合同管理评价与经验教训总结

合同终止前，项目管理机构应进行项目合同管理评价，总结合同订立和执行过程中的经验和教训，提出总结报告。并可采用量化考核的方法对合同执行效果进行分项和总体评价。

应根据合同总结报告确定项目合同管理改进需求。制订改进措施进一步完善合同管理制度，并按照规定保存合同总结报告。

（9）倡导构建合同各方合作共赢机制

协作也是生产力，应改变传统的"零和"博弈的输赢观，体现"双赢"是最好的结果，将合同实施过程中各方之间存在的风险转嫁、利益对抗发展为通过建立合作机制实现共赢。

项目参建各方应在尊重并关照彼此需求、期望和利益的基础上整合确立项目共同目标，践行"干好项目，共同受益"的理念。应通过参建各方积极合作与协调，发挥各方的资源优势，减少各种形式的内耗与浪费，提高项目效率。应借助参建各方核心能力的发挥，创造新机会，扩大收益，提升项目效益。鼓励倡导"透明的文化"，即参建伙伴间保持透明，欢迎相互检查、相互提醒，绝不允许隐瞒任何质量问题。一旦发现问题，应准确定性、快速处理、及时反馈。形成"让我们一起努力、一起分享"的项目文化，建立参建各方"责任上分、目标上合的目标激励机制；合同上分、利益上合的利益驱动机制；岗位上分、思想上合的协调机制"。

5.5 工程暂停及复工

5.5.1 工程暂停令的签发

（1）当总监理工程师认为确有必要暂停施工时，应当以书面形式要求承包单位暂停施工，并在提出要求后24小时内提出书面处理意见。承包单位应按总监理工程师的指令要求停止施工，并妥善保护已完工程。

（2）工程暂停施工指令是监理工作中一项非常重要的管理手段，是总监理工程师的一项重要职责和权力，本着对工程负责、对建设单位负责的精神，总监理工程师必须认真地、严肃地使用好这一权力。以维护好监理指令的效力和权威。

（3）总监理工程师在签发"工程暂停令"时，应根据暂停工程的影响范围和影响程度，按照施工合同和委托监理合同的约定签发。

5.5.2 签发工程暂停令的条件

（1）因建设单位要求暂停施工，且工程需要暂停施工：

1）施工单位未经批准擅自施工或拒绝项目监理机构管理的；

2）施工单位未按审查通过的工程设计文件施工的；

3）施工单位违反工程建设强制性标准的；

4）施工存在重大质量、安全事故隐患或发生质量、安全事故的。

（2）为了保证工程质量而需要进行停工处理。

（3）施工中出现安全事故或施工出现了安全隐患，为了避免危及人身安全，总监理工程师认为有必要停工以消除隐患。

（4）发现建筑材料、构配件、设备质量严重不合格。

（5）发生了必须暂停施工的紧急事件。

（6）承包单位未经许可擅自施工，或拒绝项目监理机构管理。

（7）发生（1）～（6）项情况之一时，总监理工程师可签发工程暂停令，但应认真分析，上述原因的影响程度及其后果，然后决定是否签发暂停施工指令。

5.5.3 签发工程暂停令相关问题的处理

（1）总监理工程师在签发工程暂停令时，应根据停工原因的影响范围和影响程度，确定工程项目停工范围。

（2）当工程暂停是由于非承包单位的原因造成时，也就是建设单位的原因和应当由建设单位承担责任的风险或其他条件时，总监理工程师在签发工程暂停令之后，并在签署复工申请之前，应主动就工程暂停引起的工期和费用补偿等与承包单位、建设单位进行协商和处理。以免日后再来处理索赔，并应尽可能达成协议。暂停施工时及暂停施工期间，项目监理机构应如实记录停工时的现场实际情况。

（3）当引起工程暂停的原因不是非常紧急（如由于建设单位的资金问题、拆迁等），同时工程暂停会影响一方（尤其是承包单位）的利益时，总监理工程师应在签发暂停令之前，就工程暂停引起的工期和费用补偿等与承包单位、建设单位进行协商。如果总监理工程师认为暂停施工是妥善解决的较好办法时，也应当签发工程暂停令。

（4）在工程暂停施工期间，总监理工程师应依据施工合同约定处理因工程暂停引起的工期、费用等有关问题。

5.5.4 复工指令的签发

签发复工指令的条件如下：

（1）当工程暂停是由于非承包单位的原因引起的，签发复工报审表时，只需看引起暂停施工的原因是否还存在；

（2）当工程暂停是由于承包单位的原因引起时，重点要审查承包单位的管理、质量或安全等方面的整改情况和措施。总监理工程师要确认，承包单位在采取所报送的措施之后不会再发生类似的问题，否则不应同意复工。承包单位应继续整改；

（3）总监理工程师必须注意：根据施工合同范本的规定，总监理工程师应当在48小时内答复承包单位的书面形式提出的复工要求。总监理工程师未能在规定时间内提出处理意见，或收到承包单位复工要求后48小时内未答复，承包单位可自行复工。因建设单位原因造成停工的，由建设单位承担所发生的追加合同价款，赔偿承包单位由此造成的损失，相应顺延工期；因承包单位原因造成停工的，由承包单位承担发生的费用，工期不予顺延。

5.6 工程变更管理

5.6.1 工程变更的范围和内容

工程变更包括工程量变更、工程项目变更（如建设单位提出增加或者删减工程项目内容）、进度计划变更、施工条件变更等。

变更包括以下五个方面：

（1）取消合同中任何一项工作，但被取消的工作不能转由建设单位或其他单位实施；

（2）改变合同中任何一项工作的质量或其他特性；

（3）改变合同工程的基线、标高、位置或尺寸；

（4）改变合同中任何一项工作的施工时间或改变已批准的施工工艺或顺序；

（5）为完成工程需要追加的额外工作。

5.6.2 工程变更程序

工程施工过程中出现的工程变更可分为监理人指示的工程变更和施工承包单位申请的工程变更两类。

1. 监理人指示的工程变更

监理人根据工程施工的实际需要或建设单位要求实施的工程变更，可以进一步划分为直接指示的工程变更和通过与施工承包单位协商后确定的工程变更两种情况。

（1）监理人直接指示的工程变更。监理人直接指示的工程变更属于必需的变更，如按照建设单位的要求提高质量标准、设计错误需要进行的设计修改、协调施工中的交叉干扰等情况。此时不需征求施工承包单位意见，监理人经过建设单位同意后发出变更指示，要求施工承包单位完成工程变更工作。

（2）与施工承包单位协商后确定的工程变更。此类情况属于可能发生的变更，与施工承包单位协商后再确定是否实施变更，如增加承包范围外的某项新工作等。此时，工程变更程序如下：

1）监理人首先向施工承包单位发出变更意向书，说明变更的具体内容和建设单位对变更的时间要求等，并附必要的图纸和相关资料；

2）承包单位收到监理人的变更意向书后，如果同意实施变更，则向监理人提出书面变更建议。建议书的内容包括提交拟实施变更工作的计划、措施、竣工时间等内容的实施方案以及费用要求。若施工承包单位收到监理人的变更意向书后认为难以实施此项变更，也应立即通知监理人，说明原因并附详细依据。如不具备实施变更项目的施工资质、无相应的施工机具等原因或其他理由；

3）监理人审查施工承包单位的建议书，施工承包单位根据变更意向书要求提交的变更实施方案可行并经建设单位同意后，发出变更指示。如果施工承包单位不同意变更，监理人与施工承包单位和建设单位协商后确定撤销、改变或不改变原变更意向书；

4）变更建议应阐明要求变更的依据，并附必要的图纸和说明。监理人收到施工承包单位书面建议后，应与建设单位共同研究，确认存在变更的，应在收到施工承包单位书面建议后的14天内做出变更指示。经研究后不同意作为变更的，应由监理人书面答复施工承包单位。

2.施工承包单位提出的工程变更

施工承包单位提出的工程变更可能涉及建议变更和要求变更两类。

（1）施工承包单位建议的变更。施工承包单位对建设单位提供的图纸、技术要求等，提出了可能降低合同价格、缩短工期或提高工程经济效益的合理化建议，均应以书面形式提交监理人。合理化建议书的内容应包括建议工作的详细说明、进度计划和效益以及与其他工作的协调等，并附必要的设计文件。监理人与建设单位协商是否采纳施工承包单位提出的建议。建议被采纳并构成变更的，监理人向施工承包单位发出工程变更指示。施工承包单位提出的合理化建议使建设单位获得工程造价降低、工期缩短、工程运行效益提高等实际利益，应按专用合同条款中的约定给予奖励。

（2）施工承包单位要求的变更。施工承包单位收到监理人按合同约定发出的图纸和文件，经检查认为其中存在属于变更范围的情形，如提高工程质量标准、增加工作内容、改变工程的位置或尺寸等，可向监理人提出书面变更建议。变更建议应阐明要求变更的依据，并附必要的图纸和说明。监理人收到施工承包单位的书面建议后，应与建设单位共同研究，确认存在变更的，应在收到施工承包单位书面建议后的14天内做出变更指示。经研究后不同意作为变更的，应由监理人书面答复施工承包单位。

5.7 费用索赔管理

5.7.1 费用索赔的定义

费用索赔是指承包商非自身因素影响下而遭受经济损失时向发包人提出补偿其额外费用损失的要求。实际上费用索赔的存在是由于建立合同时还无法确定的某些应由发包商承担的风险因素导致的结果。索赔费用不应被视为承包商的意外收入，也不应视为发包人的不必要开支，因为承包商的投标报价中一般不考虑应由发包人承担的风险对报价的影响，所以一旦风险发生并影响承包商的工程成本时，承包商提出费用索赔是一种正当合理的行为。

费用索赔是整个施工阶段索赔的重点和最终目标。

5.7.2 费用索赔特点

（1）费用索赔的成功与否及其大小事关承包人的盈亏，也影响业主工程项目的建设成本，因而费用索赔常常是最困难，也是双方分歧最大的索赔。

（2）索赔费用的计算比索赔资格或权利的确认更为复杂。索赔费用的计算没有统一。是合同双方共同认可的计算方法，因此索赔费用的确定及认可是费用索赔中一项困难的工作。

（3）在工程实践中，常常是许多干扰事件交织在一起，承包人成本的增加或工期延长的发生时间及其原因也常常相互交织在一起，很难清楚、准确地划分开，尤其是对于一揽子综合索赔。

5.7.3 费用索赔的原因

（1）业主违约索赔；

（2）工程变更；

（3）业主拖延支付工程款或预付款；

（4）工程进度加快；

（5）业主或工程师造成可补偿费用的延误；

（6）工程中断或终止；

（7）工程量增加（不含业主失误）；

（8）业主指定分包商违约；

（9）合同缺陷；

（10）国家政策及法律、法令变更等。

5.7.4 可索赔费用的构成

索赔费用按项目构成可分为直接费用和间接费用。

直接费包括：人工费、材料费、施工机械使用费、分包费。

间接费包括：现场和公司总部管理费用保险费、利息及保函手续费等项目。

按照工程惯例，承包商的索赔准备费、索赔金额在处理期间的利息、仲裁费用、诉讼费用等是不能索赔的。

5.7.5 项目监理机构处理索赔的一般原则

1.监理工程师处理双方所提出的索赔必须以合同为依据

尽管监理工程师受雇于业主，但当其达到索赔条件时，则必须以完全独立的身份，站在客观公正的立场上审查索赔要求的正当性。监理工程师必须对合同条件、协议条款等有详细的了解。以合同为依据来公平处理合同双方的利益纠纷。

2.监理工程师必须注意资料的积累

积累一切可能涉及索赔论证的资料，同承包单位、建设单位研究的技术问题、进度问题和其他重大问题的会议应当做好文字记录，并争取会议参加者签字，作为正式的文档资料。同时应建立严密的监理日记，记录每天发生的可能影响到合同协议执行的具体情况等。同时还应建立业务记录制度，做到处理索赔时以事实和数据为依据。

3.及时、合理地处理索赔

索赔发生后，监理工程师应依据施工合同的约定及时对索赔进行处理。应尽量将单项索赔在执行过程中陆续加以解决，这样做不仅对当事人双方有益，同时也体现了监理机构处理问题的独立性。既维护了建设单位的利益，也照顾了承包单位的实际情况。

4.加强监理工作，减少工程索赔

项目监理机构在项目实施过程中，应对可能发生的索赔进行预测，尽量采取措施进行预防，减少或避免索赔的发生。

5.7.6 监理人对承包人索赔处理

监理人收到承包人提交的索赔通知书后，应及时审查索赔通知书的内容、查验承包人的记录和证明材料，必要时，监理人可要求承包人提交全部原始记录副本。

监理人应按合同的商定或确定追加的付款和（或）延长的工期，并在收到上述索赔通知书或有关索赔的进一步证明材料后的42天内，将索赔处理结果答复承包人。监理人应当在收到索赔通知书或有关索赔的进一步证明材料后的42天内不予答复的，视为认可索赔。

承包人接受索赔处理结果的，发包人应在作出索赔处理结果答复后28天内完成赔付。承包人不接受索赔处理结果的，按合同争议约定执行。

5.7.7 费用索赔程序

（1）承包单位在索赔事件首次发生后14天内将索赔意向书面通知现场监理部，并抄报项目负责人。

（2）现场监理部对索赔事件进行调查，收集与索赔有关的资料。

（3）承包单位在发出索赔意向28天内，向现场监理部送交一份带有索赔详细说明和证实材料的《费用索赔申请表》。在影响索赔的因素不断发生的情况下，承包单位应每隔28天向现场监理部报送索赔证据资料和索赔临时账单，并在整个索赔事件结束后28天内报出《费用索赔申请表》及详细报告，提出索赔论证资料和累计索赔额。承包商向监理报送的同时，将全部资料报送项目负责人。

（4）总监理工程师进行费用索赔审查，如承包单位提供的证据充分，符合受理条件，经与承包单位和项目法人协商后，确定款额，签署《费用索赔审批表》，交建设单位审查并支付索赔款（图5-1）。

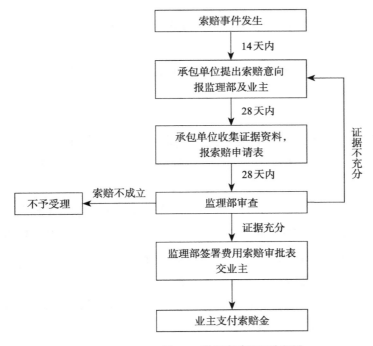

图5-1　费用索赔处理流程图

5.8 工程延期与延误管理

5.8.1 工程延期及工期延误的处理规定

（1）在工程建设过程中，发生了延长工期的事件并造成了工程竣工日期向后推迟的现象，称为工期拖延。发生工期拖延的原因是多方面的。如果由于建设单位或项目监理机构的原因造成的工期拖延，经过建设单位和项目监理机构的认可，同意延长施工工期时，这种工期拖延称为工程延期，否则称为工期延误。

（2）当承包单位提出工程延期要求符合施工合同文件的规定条件时，项目监理机构应予以受理。

（3）承包单位由于下列原因可以向项目监理机构提出工程延期（工期索赔）要求：

1）建设单位未能按施工合同中专用条款的约定时间向承包单位提供经审批的施工图纸、设计文件及其他开工所需的条件；

2）建设单位未能按施工合同约定的日期支付工程预付款、工程进度款，导致工程施工不能正常进行；

3）由于设计变更和工程量有较大的增加；

4）项目监理机构未能按合同的约定提供所需指令、批准等，致使施工不能正常进行；

5）一周内非承包单位因停水、停电、停气造成的停工累计超过8小时；

6）由于不可抗力造成的停工；

7）施工合同专用条款中约定或项目监理机构同意工期顺延的其他情况。

5.8.2 工程延期的控制

发生工程延期事件，不仅影响工程的进展，而且会给业主带来损失。因此，监理工程师应做好以下工作，以减少或避免工程延期事件的发生（图5-2）。

1.选择合适的时机下达工程开工令

监理工程师在下达工程开工令之前，应充分考虑业主的前期准备工作是否充分。特别是征地、拆迁问题是否已解决，设计图纸能否及时提供，以及付款方面有无问题等，以避免由于上述问题缺乏准备而造成工程延期。

2.提醒业主履行施工承包合同中所规定的职责

在施工过程中，监理工程师应经常提醒业主履行自己的职责，提前做好施工场地及设计图纸的提供工作，并能及时支付工程进度款，以减少或避免由此而造成的工程延期。

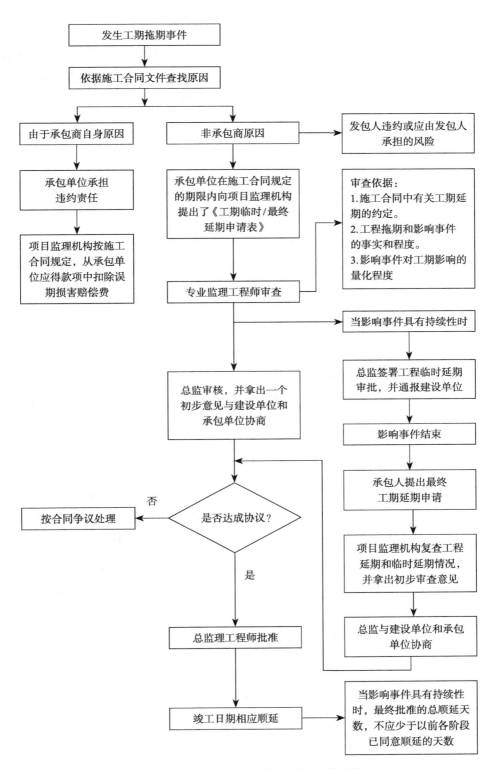

图 5-2　工期延期及工程延误处理监理工作程序

3.妥善处理工程延期事件

当延期事件发生以后，监理工程师应根据合同规定进行妥善处理。既要尽量减少工程延期时间及其损失，又要在详细调查研究的基础上合理批准工程延期时间。

此外，业主在施工过程中应尽量减少干预、多协调，以避免由于业主的干扰和阻碍而导致延期事件的发生。

5.8.3 工程延误的处理

如果由于承包单位自身的原因造成工期拖延，而承包单位又未按照监理工程师的指令改变延期状态时，通常可以采用下列手段进行处理。

1.拒绝签署付款凭证

当承包单位的施工活动不能使监理工程师满意时，监理工程师有权拒绝承包单位的文件申请。因此，当承包单位的施工进度拖后且又不采取积极措施时，监理工程师可以采取拒绝签署付款凭证的手段制约承包单位。

2.误期损失赔偿

拒绝签署付款凭证一般是监理工程师在施工过程中制约承包单位延误工期的手段，而误期损失赔偿则是当承包单位未能按合同规定的工期完成合同范围内的工作时对其的处罚。如果承包单位未能按合同规定的工期和条件完成整个工程，则应向业主支付投标书附件中规定的金额，作为该项违约的损失赔偿费。

3.取消承包资格

如果承包单位严重违反合同，又不采取补救措施，则业主为了保证合同工期有权取消其承包资格。例如：承包单位接到监理工程师的开工通知后，无正当理由推迟开工时间，或在施工过程中无任何理由要求延长工期，施工进度缓慢，又无视监理工程师的书面警告等，都有可能受到取消承包资格的处罚。

取消承包资格是对承包单位违约的严厉制裁。因为业主一旦取消了承包单位的承包资格，承包单位不但要被驱逐出施工现场，而且还要承担由此而造成业主的损失费用。这种惩罚措施一般不轻易采用，在作出这项决定前，业主必须事先通知承包单位，并要求其在规定的期限内做好辩护准备。

5.9 工程合同争议管理

5.9.1 争议的解决方式

（1）发包人和承包人在履行合同中发生争议的，可以友好协商解决或者提请争议评审组评审；

（2）合同当事人友好协商解决不成，不愿提请争议评审或者不接受争议评审组意见的，可在专用合同条款中约定下列一种方式解决：向约定的仲裁委员会申请仲裁，或者向有管辖权的人民法院提出诉讼；

（3）在提请争议评审、仲裁或者诉讼前，以及在争议评审、仲裁或诉讼过程中，发包人和承包人均可共同努力友好协商解决争议。

5.9.2 合同的争议评审

1.争议评审组

（1）成立时间：开工日后的28天内或者在争议发生后；

（2）负责组建：发包人和承包人协商成立争议评审组；

（3）人员组成：由合同管理和工程实践经验的专家组成。

2.争议评审程序

（1）首先应由申请人向争议评审组提交一份详细的评审申请报告，并附必要的文件、图纸和证明材料，申请人还应将上述报告的副本同时提交给被申请人和监理人；

（2）被申请人在收到申请人评审申请报告副本后的28天内，向争议评审组提交一份答辩报告，并附证明材料。被申请人应将答辩报告的副本同时提交给申请人和监理人；

（3）争议评审组在收到合同双方报告后的14天内，邀请双方代表和有关人员举行调查会，向双方调查争议细节；必要时争议评审组可要求双方进一步提供补充材料；

（4）在调查会结束后的14天内，争议评审组应在不受任何干扰的情况下进行独立、公正的评审，作出书面评审意见，并说明理由。在争议评审期间，争议双方暂按总监理工程师的确定执行；

（5）发包人和承包人接受评审意见的，由监理人根据评审意见拟定执行协议，经争议双方签字后作为合同的补充文件，并遵照执行；

（6）发包人或承包人不接受评审意见，并要求提交仲裁或提起诉讼的，应在收到评审意见后的14天内将仲裁或起诉意向书面通知另一方，并抄送监理人，但在仲裁或诉讼结束前应暂按总监理工程师的确定执行。

5.10 工程合同解除管理

合同解除，是指合同当事人一方或者双方依照法律规定或者当事人的约定，依法解除合同效力的行为。

5.10.1 合同法定解除条件

《合同法》第九十四条规定，有下列情形之一的，当事人可以解除合同：

（1）因不可抗力致使不能实现合同目的。不可抗力致使合同目的不能实现，该合同失去意义，应归于消灭。在此情况上，我国合同法允许当事人通过行使解除权的方式消灭合同关系。

（2）在履行期限届满之前，当事人一方明确表示或者以自己的行为表明不履行主要债务。此即债务人拒绝履行，也称毁约，包括明示毁约和默示毁约。作为合同解除条件，一是要求债务人有过错；二是拒绝行为违法（无合法理由）；三是有履行能力。

（3）当事人一方迟延履行主要债务，经催告后在合理期限内仍未履行。此即债务人迟延履行。根据合同的性质和当事人的意思表示，履行期限在合同的内容中非属特别重要时，即使债务人在履行期届满后履行，也不致使合同目的落空。在此情况下，原则上不允许当事人立即解除合同，而应由债权人向债务人发出履行催告，给予一定的履行宽限期。债务人在该履行宽限期届满时仍未履行的，债权人有权解除合同。

（4）当事人一方迟延履行债务或者有其他违约行为致使不能实现合同目的。对某些合同而言，履行期限至关重要，如债务人不按期履行，合同目的即不能实现，于此情形，债权人有权解除合同。其他违约行为致使合同目的不能实现时，也应如此。

（5）法律规定的其他情形。法律针对某些具体合同，规定了特别法定解除条件的，从其规定。

5.10.2 合同协议解除条件

合同协议解除的条件，是双方当事人协商一致解除原合同关系。其实质是在原合同当事人之间重新成立了一个合同，其主要内容为废弃双方原合同关系，使双方基于原合同发生的债权债务归于消灭。

协议解除采取合同（即解除协议）方式，因此应具备合同的有效要件，即：当事人具有相应的行为能力；意思表示真实；内容不违反现行法律规范和社会公共利益；采取适当的形式。

5.10.3 合同解除的方式

合同解除的方式一：协商解除

所谓协商解除，是指合同有效成立后，未履行或未完全履行之前，当事人双方通过协商而解除合同，是合同效力消灭的行为。因协商解除是在合同有效成立后，而不是在合同订立时约定解除，故又称之为事后协商解除。

协商解除的条件是当事人双方协商一致，将原合同加以解除，也就是在双方之间又重新成立一个合同，其内容主要是把原来的合同放弃，使基于原合同发生的债权债务归于消灭。当事人不仅享有自愿订立合同的权利，同时也享有协商解除合同的权利。不过，协商解除的内容不得违反法律、行政法规的强制性规定，不得违背国家利益和社会公共利益，否则解除协议无效，当事人仍要按原合同履行义务。

合同解除的方式二：约定解除

所谓约定解除，是指当事人双方在合同中明确约定一定的条件，在合同有效成立后，未履行或未完全履行之前，当事人一方在出现某种情况后享有解除权，并通过解除权的行使消灭合同关系。

约定解除具有如下特点：

（1）当事人双方既可以在订立合同时在合同中约定一方解除合同的条件，也可以在订立合同以后另行约定一方解除合同的条件。解除权的约定也是当事人双方订立的合同，它是一方行使解除权解除原合同的基础。

（2）约定将来享有解除权本身并不导致合同的解除。当事人双方约定将来享有解除权，只是赋予当事人在某种情况下享有解除合同的权利，但合同的权利义务在约定解除权时并不终止。因此，约定将来享有解除权本身并不导致合同的解除。

（3）约定将来享有解除权解除合同，是对将来合同效力的约定。在当事人双方达成解除合同条件的协议时，合同的权利义务并不终止，只有将来发生了约定的解除合同的条件，合同的权利义务才得以终止。

（4）约定解除合同的条件发生，并不导致合同的自动解除。合同必须由解除权人行使解除权才能解除。也就是说，在发生了约定的解除合同的条件以后，只有约定享有解除权的一方当事人根据自己的情况，作出解除合同的意思表示，合同的权利义务才得以终止。约定享有解除权的当事人不作出解除合同的意思表示，即使发生了约定解除合同的条件，合同的权利义务也不终止，合同继续有效。

（5）约定的解除合同的条件发生以后，只要约定享有解除权的一方作出解除合同的，合同的权利义务就终止了，而无须再获得另一方的同意。

合同解除的方式三：单方解除

所谓单方解除，是指解除权人行使解除权将合同解除的行为。它不必经过对方当事人的同意，只要解除权人将解除合同的意思表示直接通知对方，或经过人民法院或仲裁机构向对方主张，即可发生合同解除的效果。

合同解除的方式四：法定解除

合同解除的条件，由法律直接加以规定者，其解除为法定解除。在法定解除中，有的以适用于所有合同的条件为解除条件，有的则仅以适用于特定合同的条件为解除条件。前者为一般法定解除，后者称为特别法定解除。中国法律普遍承认法定解除，不但有关于一般法定解除的规定，而且有关于特别法定解除的规定。

第6章 安全生产管理的监理工作

6.1 安全监理的定义和工作依据

6.1.1 安全监理的定义

工程监理单位受建设单位委托，根据法律法规、工程建设标准、勘察设计文件及合同，在施工阶段对建设工程质量、造价、进度进行控制，对合同、信息进行管理，对工程建设相关方的关系进行协调，并履行建设工程安全生产管理法定职责的服务活动。

6.1.2 安全监理的工作依据

1.法律

(1)《中华人民共和国建筑法》；

(2)《中华人民共和国安全生产法》。

2.法规

(1)《建设工程安全生产管理条例》(中华人民共和国国务院令第393号)；

(2)《生产安全事故报告和调查处理条例》(中华人民共和国国务院令第493号)。

3.部门规章

(1)《建筑施工企业安全生产许可证管理规定》(建设部令第128号)。

(2)《建筑起重机械安全督促管理规定》(建设部令第166号)。

(3)《危险性较大的分部分项工程安全管理规定》(建设部令〔2018〕第37令)。

4.规范性文件

(1)《建筑施工企业安全生产许可证动态监管暂行办法》(建质〔2008〕121号)；

(2)《建筑施工企业主要负责人、项目负责人和专职安全生产管理人员安全生产考核管理暂行规定》(建质〔2004〕59号)；

（3）《建筑施工企业安全生产管理机构设置及专职安全生产管理人员配备办法》（建质〔2008〕91号）；

（4）《建筑施工特种作业人员管理规定》（建质〔2008〕75号）；

（5）《建筑施工附着升降脚手架管理暂行规定》（建建〔2000〕230号）。

5.建筑施工安全有关标准、规范、规程及其他标准类

（1）《建筑施工安全检查标准》JGJ 59—2011；

（2）《建筑施工现场环境与卫生标准》JGJ 146—2013；

（3）《起重机 钢丝绳 保养、维护、安装、检验和报废》GB/T 5972—2016；

（4）《坠落防护安全绳》GB 24543—2009；

（5）《安全网》GB 5725—2009；

（6）《安全带测试方法》GB/T 6096—2009；

（7）《安全帽》GB 2811—2007；

（8）《安全帽测试方法》GB/T 2812—2006；

（9）《安全色》GB/T 2893—2008；

（10）《施工企业安全评价标准》JGJ/T 77—2010；

（11）《建筑施工高处作业安全技术规范》JGJ 80—2016；

（12）《建设工程施工现场供用电安全规范》GB 50194—2014；

（13）《建筑施工门式钢管脚手架安全技术规范》JGJ 128—2019；

（14）《建筑施工扣件式钢管脚手架安全技术规范》JGJ 130—2011；

（15）《建筑边坡工程技术规范》GB 50330—2013；

（16）《建筑拆除工程安全技术规范》JGJ 147—2016；

（17）《施工现场临时用电安全技术规范》JGJ 46—2005；

（18）《建筑施工碗扣式脚手架安全技术规范》JGJ 166—2016；

（19）《建筑施工模板安全技术规范》JGJ 162—2008；

（20）《建筑施工组织设计规范》GB/T 50502—2009；

（21）《施工现场临时建筑物技术规范》JGJ/T 188—2009；

（22）《建筑基坑工程监测技术规范》GB 50497—2019；

（23）《龙门架及井架物料提升机安全技术规范》JGJ 88—2010；

（24）《建筑施工木脚手架安全技术规范》JGJ 164—2008；

（25）《液压滑动模板施工安全技术规程》JGJ 65—2013；

（26）《建筑施工物料提升机安全技术规程》DBJ 14—015—2002；

（27）《高处作业吊篮》GB 19155—2017；

（28）《塔式起重机安全规程》GB 5144—2006；

（29）《施工升降机安全规程》GB 10055—2007；

（30）《施工现场机械设备检查技术规程》JGJ 160—2016；

（31）《塔式起重机混凝土基础工程技术规程》JGJ/T 187—2019；

（32）《建筑起重机械安全评估技术规程》JGJ/T 189—2009；

（33）《建筑施工塔式起重机安装、使用、拆卸安全技术规程》JGJ 196—2010；

（34）《建筑机械使用安全技术规程》JGJ 33—2012。

6.2 安全生产管理的监理工作内容

安全监理工作的主要内容

（1）项目监理机构应根据法律法规、工程建设强制性标准，履行建设工程安全生产管理的监理职责，并应将安全生产管理的监理工作内容、方法和措施纳入监理规划及监理实施细则。

（2）项目监理机构应审查施工单位现场安全生产规章制度的建立和实施情况，并应重点审查施工单位安全生产许可证及施工单位项目负责人资格证、专职安全生产管理人员上岗证和特种作业人员操作证年检合格与否，同时应核查施工机械和设施的安全许可验收手续。

（3）施工单位安全生产管理制度主要包括安全生产责任制度、安全生产许可制度、安全技术措施计划管理制度、安全施工技术交底制度、安全生产检查制度、特种作业人员持证上岗制度、安全生产教育培训制度、机械设备（包括租赁设备）管理制度、专项施工方案专家论证制度、消防安全管理制度、应急救援预案管理制度、生产安全事故报告和调查处理制度、安全生产费用管理制度、工伤和意外伤害保险制度等。

（4）安全生产许可证应重点对其符合性和有效性进行审查。

（5）施工单位项目负责人、专职安全生产管理人员和特种作业人员资格情况的审查，施工单位的主要负责人、项目负责人、专职安全生产管理人员应当经建设行政主管部门或者其他有关部门考核合格后方可任职；施工单位项目负责人应当由取得相应执业资格的人员担任；垂直运输机械作业人员、安装拆卸工、爆破作业人员、起重信号工、登高架设作业人员等特种作业人员必须按照国家有关规定经过专门的安全作业培训，并取得特种作业操作资格证书后，方可上岗作业。

（6）施工机械和设施的安全许可验收手续情况的审查，施工单位在使用施工起重机械和整体提升脚手架、模板等自升式架设设施前，应当组织有关单位进行验收，也可以委托具有相应资质的检验检测机构进行验收；使用承租的机械设备和施工机具及配件的，由施工总承包单位、分包单位、出租单位和安装单位共同进行验收，验收合格的方可使用；《特种设备安全监察条例》规定的施工起重机械，在验收前应当经有相应资质的检验检测机构检验合格；施工单位应当自施工起重机械和整体提升脚手架、模板等自升式架设设施验收合格之日起30日内，向建设行政主管部门或者其他有关部门登记，登记标志应当置于或者附着于该设备的显著位置。

（7）项目监理机构应审查施工单位报审的专项施工方案，符合要求的，应由总监理工程师签认后报建设单位。超过一定规模的危险性较大的分部分项工程的专项施工方案，应检查施工单位组织专家进行论证、审查的情况，以及是否附具安全验算结果。项目监理机构应要求施工单位按已批准的专项施工方案组织施工。专项施工方案需要调整时，施工单位应按程序重新提交项目监理机构审查。

（8）专项施工方案审查应包括的基本内容

1）编审程序应符合相关规定。

实行施工总承包的，专项施工方案应当由总承包单位组织编制，当起重机械安装拆卸工程、深基坑工程、附着式升降脚手架等专业工程实行分包时，其专项施工方案可由专业分包单位组织编制。

专项施工方案应当由施工单位技术部门组织本单位施工技术、安全、质量等部门的专业技术人员进行审核，经审核合格的，由施工单位技术负责人签字；实行施工总承包的，专项施工方案应当由总承包单位技术负责人及相关专业分包单位技术负责人签字。

2）安全技术措施应符合工程建设强制性标准。

施工单位编制的专项施工方案中安全技术措施应符合工程建设强制性标准，对于施工单位报审的安全技术措施违反工程建设强制性标准的，项目监理机构应要求施工单位重新编制、报审。

3）项目监理机构应巡视检查危险性较大的分部分项工程专项施工方案实施情况。发现未按专项施工方案实施时，应签发监理通知单，要求施工单位按专项施工方案实施。

4）项目监理机构在巡视检查过程中，应重点检查施工单位严格执行经批准的专项施工方案施工情况。发现未按专项施工方案实施的，应立即签发监理通知责令整改，要求施工单位按照经批准的专项施工方案实施；施工单位拒不整改的，项目监理机构应及时向建设单位报告。

5）项目监理机构在实施监理过程中，发现工程存在安全事故隐患时，应签发监理通知单，要求施工单位整改；情况严重时，应签发工程暂停令，并应及时报告建设单位。施工单位拒不整改或不停止施工时，项目监理机构应及时向有关主管部门报送监理报告。

6.3 安全生产管理的监理工作制度

6.3.1 安全生产责任制

（1）监理单位依照法律、法规和工程建设强制性标准进行监理，对工程安全生产承担监理责任；

（2）项目监理部（组）全面实行安全生产监理责任制度，项目监理部（组）与各监理人员签订安全生产监理责任书；

（3）为确保工程施工安全生产，项目监理部（组）具体实施，由总监理工程师全面负责安全生产监理责任；总监理工程师代表（如设）和各专监及监理员具体负责各区域范围内的安全生产监理工作的责任制。

6.3.2 安全生产工作（工地）例会制度

（1）安全生产工作例会由项目监理部（组）安全生产领导小组组织召开；

（2）工作例会每月一次；遇特殊情况可适时召开会议；

（3）例会主要内容是传达学习贯彻上级关于综治安全工作的文件批示，汇报交流综合安全情况，分析研究综治安全形势，研究制定管理措施，布置下一阶段综治安全管理工作；

（4）年度的综治安全目标管理计划由各级安全生产领导小组根据上一级的要求和实际情况提出书面意见后报单位行政办公会议研究同意，以文件形式下发贯彻执行；

（5）安全生产例会由本级领导小组成员和各项目部安全分管领导（领导小组组长或副组长）及指挥部安全领导小组办公室负责人参加。

6.3.3 安全生产监理的教育和培训制度

开展各种形式的安全生产宣传教育工作，多途径、多方式对监理人员进行培训，提高全体监理人员的安全生产知识和安全生产监管能力，增强安全生产意识。

（1）对项目监理部（组）所有人员，进行安全宣传和教育工作；

（2）派驻工地现场的监理人员要经培训，具备与本单位所从事的安全生产知识和管理能力，并取得相关的安全资格证书；

（3）现场每月不少于一次监理人员的安全教育培训活动。

1）工程近期安全生产状况，存在的问题和所要应采取的预防措施；

2）对事故案例分析教育；

3）安全生产方面的图展、观看录像、知识教育；

4）国家、上级部门、公司最近的安全法律、规章、制度。

（4）各类形式的安全教育，受教育者应签到，教育活动内容要有书面纪要，并存台账。

6.3.4 安全生产检查及事故隐患的整改制度

（1）工程监理部以定期、不定期和专项检查相结合的形式检查项目部的安全生产情况。定期检查至少每月两次，检查情况由安全专业监理工程师填写于台账中，记录受检查项目的安全情况。

对各类检查中发现的重大安全生产隐患，采取以下程序进行整改：

1）签发整改通知书给项目部，限期按指定要求进行整改；

2）收到整改通知书的项目部在指定时间，按要求制定整改措施和确定责任人，并用书面形式回复项目监理部（组）安全生产领导小组；

3）整改期限过后，整改单位用书面形式将整改完成情况报项目监理部（组）安全生产领导小组，必要时公司工程部安全生产领导小组对整改事项进行复查，若仍未达到整改要求的则重复上述程序，并对有关责任人进行必要的处罚。

（2）安全生产检查工作步骤要求：

1）监理部对各工区的安全检查每月不少于两次，并应根据生产情况、季节特点进行专项检查和不定期检查；

2）各区域的监理人员要经常检查安全，每道工序进行时应检查安全问题。

（3）所有层次的安全检查工作，分为台账资料和现场检查两部分。

1）台账资料的检查内容：

①安全生产组织机构的建立情况；

②管理制度文件的存档、保管情况；

③安全生产责任目标书签订情况；

④按制度规定的各项工作开展情况；

⑤台账资料的整理、分类情况。

2）现场的检查内容：

①场容、场貌、文明安全状况；

②安全防护设施、装置的齐全完好情况；

③职工个人劳动防护用品使用情况；

④特种作业的岗位人员持证情况；

⑤易燃、易爆物品的储存、使用情况；

⑥现场用电安全状况；

⑦各施工作业区的便桥、支架搭设、高空作业等危险源的安全状况。

3）检查工作要严、细，对发现隐患要及时采取措施予以消除，教育职工杜绝类似情况的再次发生，对管理工作方面存在的缺陷、问题认真对待，要有针对性地改进。

（4）各级安全生产检查工作要有书面记录资料。

1）项目监理部（组）组织的检查必须记入安全工作台账；

2）各区域监理人员的检查应在监理日志中有相应内容。

6.3.5 安全作业监理的现场管理及奖罚制度

1.现场管理制度

（1）严格执行施工现场的安全管理规定，坚决执行安全生产的有关法律、法规和各项规章制度；

（2）监理人员应要求施工现场安全管理人员到岗到位，坚持安全工作原则，对违章作业、违章指挥和违反劳动纪律的行为，有权进行制止；

（3）要求施工人员进场作业，必须遵守劳动纪律和操作规程，听从安全管理人员的指挥，服从安全人员的管理；

（4）进场作业必须佩戴安全帽，登高作业应系好安全带，不准穿背心、拖鞋进入作业场所，不得在作业场所内乱窜乱跑、打闹嬉戏；

（5）严格执行爆炸物品管理制度，认真按爆破操作规程和爆炸物品管理制度执行，杜绝违章作业，违章使用；

（6）要求施工作业人员必须参加人身保险。

2.奖罚

（1）监理人员的奖励和罚款每年初根据不同的安全风险与工作难度而定；

（2）隐瞒事故不报，弄虚作假的，取消全部奖励，并处以罚款1000元；

（3）连续发生同类事故或重大事故的除对有关责任人进行经济处罚外，还须对负有领导责任的责任人根据事故的程度和责任大小给予相应的行政处分；

（4）实行安全生产一票否决制，凡当年发生安全生产重大伤亡事故的，部门和个人一律不得评先进。季节性安全工作有布置、有检查，定期研究工作。建立、健全、落实安全操作规程和安全管理、检查制度。部门责任人亲自抓，分管人员明确。按规定参加安全业务培训，并取得相应证件。部门内部坚持正常的三级安全教育工作。按规定的时间和程序报告事故并报送有关材料，及时报送各类统计报表。

6.3.6 安全生产监理的台账制度

台账资料具有真实记录和反映本单位安全生产工作管理情况的作用，在台账资料的收集整理过程中，有助于本单位自我发现安全生产管理中存在的缺陷和需要改进的工作，有利于提高本单位安全生产监管水平。同时也是自我督促、落实安全生产责任制，落实安全生产管理制度的一项有效措施，并为责任追究提供有效凭据。

（1）本单位必须建立监理安全台账，由安全监理人员负责当年所有安全生产工作会议、活动、检查等资料的建立、收集、整理工作；

（2）要对台账资料的记录做到完整、及时、准确；

（3）台账资料的整理按相关规定执行，做到分类、按序、有目录、有页码，便于查阅。

6.3.7 监理的应急处置管理制度

（1）成立安全事故和"三防"应急预案领导小组，建立机构和网络。

（2）加强施工安全事故应急处置工作的管理，制订和完善安全事故应急预案。

（3）要求施工单位与监理人员一起进行事故应急处置演练，做到胸有成竹，一旦发生事故，能及时、有序、科学、合理、正确地进行抢险救灾工作，防止事故进一步扩大和恶化。最大限度地减少人员伤亡和财产损失。

（4）加强应急处置工作的检查、宣传和教育，树立抢险抗灾意识。

（5）及早准备好抢险救灾的物资，并落实专人管理。

（6）积极动员全体人员投入到抢险救灾工作中，服从现场指挥人员的指挥。

6.3.8 安全事故的报告和调查处理制度

根据国务院《生产安全事故报告和调查处理条例》，做好事故的及时报告、调查、处理、统计、采取预防措施，防止事故的再次发生。

（1）轻伤事故，应在当日内向上级主管部门及公司报告。

（2）各单位发生重伤、死亡事故必须在1小时内向指挥部和上级及有关部门报告。

未发生人员伤亡，但经济损失在10万以下的向业主指挥部上报，10万元以上的事故，应在1小时内逐级向上级报告。

在生产区域内发生的非本项目人员伤亡事故，也按以上程序上报。

事故发生后，要求当事人、当事单位在向上级报告的同时，要组织人员积极抢救并保护好现场；努力减少人员伤亡和财产损失。

（3）事故调查。

1）轻伤事故由各单位自行组织调查处理后，书面资料建档保存；

2）重伤事故三人以下的，由公司负责人或其指定人员组织相关人员以及工会成员参加的事故调查，会同有关部门进行调查；

3）重伤三人以上及死亡事故，由公司会同当地市级劳动、公安、检察、经贸委、工会、业主组成事故调查组进行调查；

4）重大伤亡事故由省主管部门会同同级劳动、公安、工会等部门组成调查组进行调查；

5）当事人和有关单位在接受调查时，应积极配合调查工作的开展，如实反映情况。

（4）事故处理。

1）事故发生后，应按"四不放过"原则（即：事故原因分析不清不放过；责任者和群众没有受到教育不放过；事故责任者没有受到严肃处理不放过；没有采取切实可行的防范措施不放过），查明事故发生原因、过程和人员伤亡、经济损失情况；确定事故责任者；提出事故处理意见和防范措施的意见，写出事故调查报告；

2）发生事故的单位要对调查处理意见和防范措施负责落实、处理；

3）因忽视安全生产、违章指挥、违章作业，对发现的和检查中指出的劳动安全隐患、危害情况不采取有效措施造成安全生产事故的，由公司或上级主管部门对事故直接责任人、间接责任人按国家有关规定给予相应的经济、行政处分；构成犯罪的，由司法机关依法追究刑事责任；

4）凡在伤亡事故发生后隐瞒不报、谎报、有意迟延不报、故意破坏事故现场，或者无正当理由，拒绝接受调查以及拒绝提供有关情况和资料的，由公司或者有关部门按照国家有关规定，对有关单位负责人和直接责任人给予行政处分；构成犯罪的，由司法机关依法追究刑事责任；

5）在调查、处理伤亡事故中玩忽职守、徇私舞弊或者打击报复的，由公司或上级主管部门按照国家有关规定给予行政处分；构成犯罪的，由司法机关依法追究刑事责任。

（5）事故调查处理工作时间要求。

1）重伤事故应在十日内结束；

2）死亡事故应在二十日内，情况复杂的可延至三十日内结束；

3）重特大事故按上级部门规定。

（6）事故结案。

1）根据事故等级上报相关部门批准结案；

2）车辆交通事故，由事发地交警部门处理，凭责任裁定书结案。

（7）事故统计。

按当事人劳动关系隶属确定，属本单位职工的在安全生产月报、季报中反映；属劳务、协作单位的人员将事故调查材料报公司及上级部门备案。

6.3.9 消防和生活安全管理制度

灭火器的配置、检查、维护由项目部负责人组织实施；要求项目部应急小分队配备的专、兼职消防队员负责日常灭火器材的配置、检查、维护、保养工作；对消防器材的保管工作要责任落实到人，保证消防器材的齐全有效；监理要定期到各项目部、各工区检查消防安全的情况，做到有问题必须整改落实到位。

（1）根据易燃物面积和危险等因素配置必需数量的消防器材。

（2）灭火器的设置要求如下。

1）灭火器应设置在明显和便于提取的部位，铭牌朝外，且不得影响安全疏散；

2）灭火器必须固定位置，距地面50～150cm为宜。用挂置方式的不能用铁丝缠绕住手柄；

3）灭火器应设置在干燥、无腐蚀物的地方，否则必须增设防雨设施和保护措施；

4）灭火器不得设置在超出其使用温度范围（-22～+550℃）的环境内；

5）灭火器前不得有障碍物。

（3）要定期对灭火器进行检查，做到配置合理、有效。

（4）灭火器换药时，可组织消防演练，提高自防、自救能力。

6.3.10 安全生产管理机构和专职人员制度

项目监理部（组）行使监理项目施工安全监理职责，正式发文成立安全生产管理机构，并制定专职人员负责安全监理作业资料的整理，分类及立卷归档工作。对安全专项施工方案和相关安全生产措施的落实情况，要指派安全监理人员进行现场监理。

6.3.11 安全技术措施审查制度

项目监理部（组）按照国家法律、法规、工程建设强制性标准、规程等有关规定，对施工单位上报的安全技术措施进行审查审批，在工程项目安全技术措施未审查审批前不得开始该项目工程施工。安全技术措施由施工项目部专业技术人员编制，经施工项目部技术负责人和总监理工程师签字后方可实施。

6.3.12 专项安全施工方案审查制度

施工单位对危险性较大的工程应当编制专项安全施工方案，方案由施工单位专业技术人员编制，并附安全验算结果，项目负责人审核，经施工单位技术负责人审批（对规定应组织专家论证的，需附专家论证意见），在项目开工前，报监理机构，先由专业监理工程师核查，然后由总监理工程师（或总监理工程师代表）审核签字后实施。

6.3.13 严重安全隐患报告制度

工程监理单位在实施过程中，发现存在安全事故隐患的，应当要求施工单位整改；情况严重的，应当要求施工单位暂时停止施工，并及时报告建设单位，施工单位拒不整改或者不停止施工的，工程监理单位应当及时向有关主管部门报告。在实施监理过程对安全隐患的处理办法如下：

（1）有关安全的主要部位、关键部位加强监理旁站，督促施工单位安检人员到位。

（2）督促承包单位对脚手架、塔式起重机、龙门架体垂直度、模板支撑系统、架体刚度、强度、施工用电和漏电系数进行检查，对不符合要求者指令停止整改。

（3）通过指令性文件对施工承包单位施工安全中存在的问题责令承包单位限期予以改正。

（4）要求施工单位对其使用的安全防护用具及机械设备等提供合法有效的出厂"三证"。

6.3.14 按照法律法规与强制性标准实施监理制度

工程监理单位应当审查施工组织设计中的安全技术措施或者专项施工方案是否符合工程建设强制性标准，工程监理在建设工程安全生产中的监理责任，是由相关的法律、法规和强制性标准规定的，工程监理单位和监理工程师应当按照法律、法规和工程建设强制性标准实施监理，并对建设工程安全生产承担监理责任。

6.4 危险性较大的分部分项工程范围

根据住房和城乡建设部办公厅关于实施《危险性较大的分部分项工程安全管

理规定》(建办质〔2018〕37号)有关问题的通知,危险性较大的分部分项工程范围包括:

6.4.1 基坑工程

(1)开挖深度超过3m(含3m)的基坑(槽)的土方开挖、支护、降水工程;

(2)开挖深度虽未超过3m,但地质条件、周围环境和地下管线复杂,或影响毗邻建(构)筑物安全的基坑(槽)的土方开挖、支护、降水工程。

6.4.2 模板工程及支撑体系

(1)各类工具式模板工程:包括滑模、爬模、飞模、隧道模等工程;

(2)混凝土模板支撑工程:搭设高度5m及以上,或搭设跨度10m及以上,或施工总荷载(荷载效应基本组合的设计值,以下简称"设计值")10kN/m² 及以上,或集中线荷载(设计值)15kN/m及以上,或高度大于支撑水平投影宽度且相对独立无联系构件的混凝土模板支撑工程;

(3)承重支撑体系:用于钢结构安装等满堂支撑体系。

6.4.3 起重吊装及起重机械安装拆卸工程

(1)采用非常规起重设备、方法,且单件起吊重量在10kN及以上的起重吊装工程;

(2)采用起重机械进行安装的工程;

(3)起重机械安装和拆卸工程。

6.4.4 脚手架工程

(1)搭设高度24m及以上的落地式钢管脚手架工程(包括采光井、电梯井脚手架);

(2)附着式升降脚手架工程;

(3)悬挑式脚手架工程;

(4)高处作业吊篮;

(5)卸料平台、操作平台工程;

(6)异型脚手架工程。

6.4.5 拆除工程

可能影响行人、交通、电力设施、通信设施或其他建构筑物安全的拆除工程。

6.4.6 暗挖工程

采用矿山法、盾构法、顶管法施工的隧道、洞室工程。

6.4.7 其他

（1）建筑幕墙安装工程；

（2）钢结构、网架和索膜结构安装工程；

（3）人工挖孔桩工程；

（4）水下作业工程；

（5）装配式建筑混凝土预制构件安装工程；

（6）采用新技术、新工艺、新材料、新设备可能影响工程施工安全，尚无国家、行业及地方技术标准的分部分项工程。

6.5 超过一定规模的危险性较大的分部分项工程范围

根据住房和城乡建设部办公厅关于实施《危险性较大的分部分项工程安全管理规定》（建办质〔2018〕37号）有关问题的通知，超过一定规模的危险性较大的分部分项工程范围包括：

6.5.1 深基坑工程

开挖深度超过5m（含5m）的基坑（槽）的土方开挖、支护、降水工程。

6.5.2 模板工程及支撑体系

（1）各类工具式模板工程：包括滑模、爬模、飞模、隧道模等工程；

（2）混凝土模板支撑工程：搭设高度8m及以上，或搭设跨度18m及以上，或施工总荷载（荷载效应基本组合的设计值，以下简称"设计值"）15kN/m² 及以上，或集中线荷载（设计值）20kN/m 及以上；

（3）承重支撑体系：用于钢结构安装等满堂支撑体系，承受单点集中荷载7kN及以上。

6.5.3 起重吊装及起重机械安装拆卸工程

（1）采用非常规起重设备、方法，且单件起吊重量在100kN及以上的起重吊装工程；

（2）起重量300kN及以上，或搭设总高度200m及以上，或搭设基础标高在200m及以上的起重机械安装和拆卸工程。

6.5.4 脚手架工程

（1）搭设高度50m及以上的落地式钢管脚手架工程；

（2）提升高度在150m及以上的附着式升降脚手架工程或附着式升降操作平台工程；

（3）分段架体搭设高度20m及以上的悬挑式脚手架工程。

6.5.5 拆除工程

（1）码头、桥梁、高架、烟囱、水塔或拆除中容易引起有毒有害气（液）体或粉尘扩散、易燃易爆事故发生的特殊建构筑物的拆除工程；

（2）文物保护建筑、优秀历史建筑或历史文化风貌区影响范围内的拆除工程。

6.5.6 暗挖工程

采用矿山法、盾构法、顶管法施工的隧道、洞室工程。

6.5.7 其他

（1）施工高度50m及以上的建筑幕墙安装工程；

（2）跨度36m及以上的钢结构安装工程，或跨度60m及以上的网架和索膜结构安装工程；

（3）开挖深度16m及以上的人工挖孔桩工程；

（4）水下作业工程；

（5）重量1000kN及以上的大型结构整体顶升、平移、转体等施工工艺；

（6）采用新技术、新工艺、新材料、新设备可能影响工程施工安全，尚无国家、行业及地方技术标准的分部分项工程。

6.6 危险性较大的分部分项工程安全专项施工方案审查与论证

根据《危险性较大的分部分项工程安全管理规定》（住房和城乡建设部令第37号），危险性较大的分部分项工程安全专项施工方案审查与论证相关要求如下：

6.6.1 施工单位应当在危大工程施工前组织工程技术人员编制专项施工方案

实行施工总承包的，专项施工方案应当由施工总承包单位组织编制。危大工程实行分包的，专项施工方案可以由相关专业分包单位组织编制。

6.6.2 专项施工方案

应当由施工单位技术负责人审核签字、加盖单位公章，并由总监理工程师审查签字、加盖执业印章后方可实施。危大工程实行分包并由分包单位编制专项施工方案的，专项施工方案应当由总承包单位技术负责人及分包单位技术负责人共同审核签字并加盖单位公章。

6.6.3 超过一定规模的危大工程

施工单位应当组织召开专家论证会，对专项施工方案进行论证。实行施工总承包的，由施工总承包单位组织召开专家论证会。专家论证前，专项施工方案应当通过施工单位审核和总监理工程师审查。专家应当从地方人民政府住房和城乡建设主管部门建立的专家库中选取，符合专业要求且人数不得少于5名。与本工程有利害关系的人员不得以专家身份参加专家论证会。

6.6.4 专家论证

专家论证会后，应当形成论证报告，对专项施工方案提出通过、修改后通过或者不通过的一致意见。专家对论证报告负责并签字确认。专项施工方案经论证需修改后通过的，施工单位应当根据论证报告修改完善后，重新履行第6.6.2条的程序。专项施工方案经论证不通过的，施工单位修改后应当按照本规定的要求重新组织专家论证。

6.7 施工单位安全生产管理体系的审查

审查施工单位的管理制度、人员资格及验收手续。

项目监理机构应审查施工单位现场安全生产规章制度的建立和实施情况；审查施工单位安全卫生许可证的符合性和有效性；审查施工单位项目经理、专职安全生产管理人员和特种作业人员的资格；核查施工机械和设施的安全许可验收手续。

6.8 施工单位安全生产管理工作的督促检查

施工单位安全生产管理工作的督促检查包括项目的施工准备阶段、施工阶段，工程的竣工验收全过程的施工安全监理工作。

6.8.1 施工准备阶段

（1）根据工程规模和特点，项目监理机构进场后及时建立安全监理组织机构，制定安全监理责任制，明确各级监理岗位安全职责；

（2）根据《建设工程安全生产管理条例》的规定，按照工程建设强制性标准、《建设工程监理规范》GB 50319—2013 的要求，由监理工程师根据工程特点和危大工程的施工编制专项安全监理细则；

（3）组织监理人员熟悉设计文件和施工周边环境，学习施工、监理合同文件，熟悉掌握合同文件中的安全监理工作内容和要求，并按照监理计划中的安全监理方案和专项安全监理细则中的内容，对监理人员进行安全交底和进入工地现场的自身安全教育；

（4）审查施工单位编制的施工组织设计中的安全技术措施或专项施工方案是否符合强制性标准，审查合格后方可同意工程开工。审查重点如下：

1）安全管理和安全保证体系的组织机构，包括项目经理、专职安全管理人员、特种作业人员配备的数量及安全资格培训持证上岗情况；

2）是否制订了施工安全生产责任制、安全管理规章制度、安全操作规程；

3）施工单位的安全防护用具、机械设备、施工机具是否符合国家有关安全规定；

4）是否制订了施工现场临时用电方案的安全技术措施和电气防火措施；

5）施工现场布置是否符合有关安全要求；

6）安全生产事故应急救援预案的制订情况，针对重点部位和重点环节制订的工程项目危险源监控措施和应急预案；

7）施工人员安全教育措施、安全技术交底的执行情况；

8）安全技术措施费用的使用计划。

（5）审查施工单位安全资质和安全生产许可证是否合法有效；

（6）审查施工单位与分包单位签订的施工安全生产协议书签订情况；

（7）审查专业分包单位和劳务分包单位安全生产资质；

（8）检查施工单位的安全生产管理机构的建立、健全，督促施工单位检查各分包单位的安全生产规章制度的建立情况；

（9）审查项目经理、专职安全管理人员、特种作业人员配备的数量及安全资格证书、安全培训、持证上岗情况；

（10）审查施工单位安全生产责任制度、安全生产规章制度、安全操作规程；

（11）审查施工单位安全教育计划、安全技术交底工作安排；

（12）审查安全及文明施工措施费用的使用计划；

（13）审查施工单位制定的突发事件应急预案；针对重点部位、重点环节制定的专项应急预案；工程项目危险源监控措施和应急方案；

（14）督促施工单位按有关规定搭设安全生产设施和做好使用前的验收工作；

（15）核查进场机械设备、安全设施：督促施工单位对进场设备、安全设施的验收（检测）合格证及人员的上岗证进行自检验收，自检合格后，报请安全监理核查，安全监理核查同意后，方可投入现场使用；

（16）审查工程开工申请报告，符合开工条件，批准开工；

（17）制定安全监理程序，记录方法和表格。

6.8.2 施工阶段

（1）督促施工单位按照国家有关法律、法规、工程建设强制性标准和经审查同意的施工组织设计中的安全技术措施和专项施工方案组织施工，及时制止违规施工作业；

（2）每天对施工过程中的危险性较大的工程作业情况进行巡视检查，发现违规施工和存在安全事故隐患的，应要求施工单位整改并检查整改结果；情况严重的，由总监理工程师下达工程暂停施工令，并报告建设单位；施工单位拒不整改或不停止施工的，应及时向当地政府有关部门书面报告；

（3）核查施工现场施工机械和安全设施的验收手续，并签署意见；

（4）检查施工现场各种安全标志和安全防护措施是否符合强制性标准要求；复核审批安全及文明施工措施费用的使用情况，并及时签认上报；

（5）督促施工单位进行安全自查工作，并对施工单位自查情况进行抽查，参加建设单位组织的安全生产专项检查；

（6）开好各种安全管理、现场施工安全的协调会议，统一认识，解决问题；

（7）参照国家建设工程监理规范的资料管理和表式要求编制安全管理资料；

（8）在监理日记中记录当天施工现场安全生产和安全监理的工作情况，记录发现和处理的安全施工问题；

（9）编写安全监理月报和专题报告，对当月的施工现场的安全状况和安全监理工作做出评述，报建设单位和安全督促部门；

（10）编写安全监理总结报告；

（11）参与安全事故的调查和处理。

6.9 安全生产管理的监理要点

6.9.1 施工准备阶段安全监理工作要点

监理人员在工程开工前应对项目合同文件进行全面了解和熟悉，了解现场的环境、人为障碍等因素，以便更早提出防范措施。为了使工程顺利有序进行，可在第一次工地会议上使项目参建各方了解安全监理工作的内容和要求。

（1）审查施工单位编制的《施工组织设计》中的安全技术措施，深基坑、临时用电、大型机械、井架、脚手架等安全技术措施均要求单独编制专项安全技术措施方案。审查施工组织设计经施工单位各职能部门会签，技术负责人审批，企业盖章等手续是否齐全；

（2）审查施工单位提供的特种作业人员名册，包括安全员、电工、电焊工、架子工、塔式起重机、施工升降机驾驶员、起重指挥、井架搭拆工；

（3）对进场的大型施工机械（如起重机械、垂直运输机械、施工升降机等）要求施工单位按施工组织设计组织施工，并有相关验收手续；

（4）监理人员应根据施工合同及建设方与总包方签订安全生产协议，要求施工单位书面明确安全管理机构和责任人员；

（5）监理人员督促检查总包单位在进场前向分包单位书面做好安全生产总交底工作，并保存相关交底记录；

（6）监理人员应检查现场围挡封闭情况，督促施工单位按要求设置围挡高度，并选用合适围挡砌筑材料；

（7）监理人员开工前应督促总包单位根据建设方提供地下管线资料，摸清管线位置、走向，采取相应安全保护措施，并核实保护措施落实情况；

（8）监理人员应对施工中新材料、新技术运用进行必要的了解和调查，以求及时发现存在的安全隐患。

6.9.2 施工阶段安全监理检查要点

（1）施工现场临时用电安全检查要点如下：

1）符合"三级配电，两级保护"要求；开关箱标准、有门、有锁、有防雨设施；

2）配电箱内多路配电标记清晰；

3）开关箱安装漏电保护器，电箱内设隔离开关；

4）"一机一闸、一箱一漏"原则，熔丝规格符合标准；

5）照明线、动力线架设高度符合要求、穿过通道穿管理地；

6）临时敷设电线路没有挂在钢筋、模板、脚手架上；电动机具、电源线不随地拖拉；停止使用的电器设备、电源线开关及时拆除；

7）照明专用回路漏电保护；

8）室内线路及灯具安装高度不低于2.4m，室外灯具距地面不低于3m；

9）潮湿作业或隧道开挖及衬砌台车作业使用36V以下安全电压；

10）7.5kW以上电机采用减压启动方式，且加过载保护装置；在建工程与邻近高压线的距离不小于规定距离；

11）检修电器设备时，执行停电作业、开关把柄上挂"有人操作，严禁合闸"警示牌；

12）现场手持作业灯使用36V及以下电源供电；电压电线路不使用裸导线；

13）电压器设防护，门加锁，并悬挂"高压危险，切勿接近"警示牌；有专用灭火器及高压安全用具；

14）专用保护零线设置符合要求，保护零线与工作零线不混接；

15）配电线路不老化，无破皮，线路过道防护；

16）用电设备在5台以上或总容量在50kW以上的工地，有专项用电施工组织设计；有地极阻值遥测记录，电工巡视维修记录真实；

17）作业区、生活区、办公区有无私拉乱扯现象，生活区、宿舍有无使用电炉、电饭锅、电暖气等生活电器；

18）特殊作业环境用电情况；

19）临电方案审批及执行情况。

（2）落地式脚手架安全检查要点如下：

1）脚手架搭设有施工方案且能指导施工；现场实际施工与批准的方案一致；

2）脚手架高度不超过规范规定，有设计计算书并经审批；

3）脚手架高度在7m以上，架体与建筑结构拉结；

4）按规定设置剪刀撑，脚手板铺满，无探头板；

5）脚手架搭设前交底，搭设完毕办理验收手续；

6）脚手架载荷不超过规定，施工载荷堆放均匀，有积雪、杂物及时清理；

7）作业层下有措施防护；防护严密；杆件直径、型钢规格及材质符合要求；

8）安装脚手架单位资质符合要求；安装脚手架人员经专业培训；

9）脚手架定期检查记录（大雪、大风、暴雨等恶劣气候）。

（3）悬挑脚手架安全检查要点如下：

1）架体搭设是否编制专项施工方案并经审核、审批；

2）架体搭设超过规范允许高度，专项施工方案是否按规定组织专家论证；

3）架体结构是否经设计计算；

4）钢梁截面高度、截面型式是否符合规范要求；

5）钢梁固定段长度与悬挑段长度比值是否符合规范要求；

6）钢梁外端钢丝绳或钢拉杆与上一层建筑结构拉结设置是否符合规范要求；

7）钢梁与建筑结构锚固措施是否符合规范要求；

8）钢梁间距是否符合设计要求；

9）立杆底部与悬挑钢梁连接处固定措施是否符合规范要求；

10）纵、横向扫地杆设置是否符合规范要求；

11）架体外侧连续式剪刀撑设置是否符合规范要求；

12）横向斜撑设置是否符合规范要求；

13）架体与建筑结构拉结方式或间距是否符合要求；

14）立杆的垂直度的偏差是否符合规范要求；

15）剪刀撑设置和角度是否符合规范要求；

16）剪刀撑斜杆的接长或剪刀撑斜杆与架体杆件固定是否符合规范要求；

17）脚手板铺设是否符合规范要求；

18）脚手架施工荷载规定是否符合规范要求；

19）架体搭设前是否进行交底，并有文字记录；

20）架体搭设验收是否符合要求；

21）架体搭设完毕验收手续是否符合规范要求；

22）立杆间距、纵向水平杆步距是否符合要求；

23）横向水平杆设置是否符合规范要求；

24）是否按脚手板铺设的需要增设横向水平杆；

25）作业层防护栏杆设置是否符合规范要求；

26）作业层挡脚板设置是否符合规范要求；

27）架体外侧是否封闭；

28）作业层脚手板是否设置安全平网；

29）作业层与建筑物之间是否封闭；

30）悬挑钢梁与悬挑钢梁之间是否封闭；

31）架体首层沿建筑结构边缘是否封闭；

32）型钢、钢管、构配件规格及材质是否符合规范要求；

33）型钢、钢管、构配件是否符合规范要求；

34）脚手架拆除作业是否符合要求。

（4）模板施工安全检查要点如下：

1）模板工程施工方案经审批；

2）根据混凝土输送方法定制有针对性的安全措施；

3）现浇混凝土模板的支撑系统有设计计算；

4）模板上施工载荷不超过规定，模板上堆料均匀；

5）各种模板存放符合安全要求；

6）高2m以上作业处所有可靠立足点、周道垫板稳固；

7）模板拆除有专项安全技术交底，并交底至作业层；

8）模板拆除前经拆模批准、模板拆除前有混凝土强度报告、拆除区域设置警戒线且有专人监护、留有未拆除的悬空模板及模板工程经过验收手续；

9）模板材料合格性检查（强度、刚度、稳定性）。

（5）起重机械（塔式起重机、施工升降机、物料提升机）安全检查要点如下：

1）备案、安拆告知、使用登记手续齐全有效；

2）基础应符合使用说明书及规范要求；

3）司机、司索信号工等操作人员必须持证上岗；

4）定期维护、保养、检修记录齐全；

5）架体结构件无明显塑性变形、裂纹和严重锈蚀；

6）附着装置及安装应符合使用说明书和规范的要求；

7）自由端高度应符合说明书要求；

8）各种安全装置齐全、可靠；

9）物料提升机吊笼安全停靠装置灵敏可靠；

10）施工升降机制动器动作灵敏、可靠；防坠安全器应在有效标定期限内使用，防坠安全器固定螺栓符合规范要求；

11）施工升降机的极限限位开关及超载保护装置灵敏、可靠；

12）施工升降机吊笼安全钩安全可靠；

13）塔式起重机基础螺栓及固定应符合说明书及规范要求；

14）塔式起重机相邻塔吊之间，与高压电线之间，与其他建筑物之间应保持足够的安全距离，并符合安装使用方案和规范要求；

15）联合验收记录。

（6）满堂支架施工安全检查要点如下：

1）满堂支架方案必须有施工经验的专业负责人编制，现场有局部改动时要通过审批，重新计算；

2）地基处理是否符合要求，是否硬化，硬化厚度是否符合要求；

3）支架设计计算和施工方案经项目经理总工审核，总监审查批准；

4）支架搭设、拆除人员是否持特种作业证书；是否进行安全技术交底；

5）必须使用成套、规范的满堂支架，杆件、螺栓等必须定期检测，对严重锈蚀、破损的不符合要求的杆件、螺栓及时更换；

6）支架排距、间距、扫地杆、纵横剪刀撑设置是否满足要求；扣件螺栓紧固力矩是否满足要求；

7）加载的顺序和重量应符合施工方案要求；

8）检查加载测量数据、弹性变形、非弹性变形测量记录表；

9）内模拆除前，混凝土强度达到设计要求；

10）外模拆除前，完成初张拉作业；

11）架体材料的质量情况；

12）超高架体专家论证；

13）拆除前报验情况。

（7）高处作业安全检查要点如下：

1）现场登高作业人员是否持有合法有效特种作业证书；

2）查持证人员人证是否相符；

3）涉高特种作业人员数量（如架子工）与工程需要是否相匹配；

4）涉高特种作业人员项目安全教育培训情况；

5）施工现场作业人员安全帽的佩戴是否符合要求；

6）安全帽、安全带、安全网的采购和发放是否符合要求；

7）施工现场安全带、安全网的使用、设置是否符合要求；

8）安全帽、安全带、安全网的规格、材质、安全标志是否符合要求；

9）现场防护措施是否符合要求；

10）管道井、风道井内、竖井内每隔两层（不大于10m）应设一道平网；

11）防护警示标志设置是否符合要求；

12）夜间警示红灯标志设置是否符合要求；

13）沟、槽、坑井盖板安装设置是否符合要求；

14）高于2m的爬梯无防护圈等措施是否符合要求；

15）防护措施是否符合要求，是否严密；

16）临边防护是否符合要求，是否严密；

17）临边防护安全警示标志设置是否符合要求；

18）是否按规定发放劳动防护用品，发放台账是否准确可靠，防护用品或材料"三证"是否齐全；

19）安全教育培训、安全技术交底情况；

20）现场高处作业及防护管理是否有专人监护。

（8）施工机具安全检查要点如下：

1）电刨、电锯、木工及钢筋机械登机具传动部分有防护罩，室外电机有防尘防雨罩，机具安装验收手续齐全；

2）锯盘护罩、分料器、防护板安全装置和传动部位防护安全可靠；

3）手持电动工具有接零接地、漏电保护；

4）电焊机：二次空载降压保护器、触电保护器、一次线长度超过规定并穿管保护；电源使用自动开关；焊把线接头不超过3处且绝缘良好；防护雨罩良好有接零、接地保护；

5）搅拌机：安装平稳，有接地接零保护，检修拌和机人员进入搅拌筒内，切断电源，锁好开关箱，专人监护；料斗拌和中料斗升起时，料斗下无人工作和行走，清理上料坑时，料斗采用链条挂扣牢固；防雨棚和作业台安全；料斗保险挂钩使用正常；传动部位有防护罩，作业平台稳固；

6）翻斗车：无违章行车，不载人，司机持证上岗；翻斗车制动装置灵敏；

7）气瓶：各种气瓶有标准色；气瓶间距不小于5m，距明火不小于10m且有隔离措施；气瓶使用或存放符合要求，有防震圈和防护帽；

8）打桩机：取得准用证，安装后验收合格；有超高限位装置；打桩作业有方案；打桩操作不违反操作规程；

9）潜水泵：有接零保护；安装漏电保护器；

10）使用振捣器的工作人员应穿戴绝缘鞋和戴绝缘手套；

11）检查验收记录；

12）是否符合"一机、一闸、一保护"。

（9）基坑支护施工安全检查要点如下：

1）基坑深度超过5m有专项支护设计，支护设计及方案上报审批并进行专家论证，深度超过2m的基坑施工须设置临边防护；

2）基坑施工支护方案审批情况及能否指导施工；

3）基坑施工排水措施有效，施工机械进场须验收合格；

4）按规定深度挖土或超挖的，应进行基坑支护变形监测；

5）深度基坑施工采用坑外降水，有防止邻近建筑物危险沉降措施；

6）基坑内作业人员有安全立足点，垂直作业上下有隔离防护；

7）人员上下专用通道符合设计要求；

8）挖土机作业时，无人员进入挖土机作业半径内；

9）按规定对相邻建筑物和重要管线及道路进行沉降观测；

10）设置足够照明或光线不足。

（10）吊篮安全检查要点如下：

1）吊篮安装拆除方案是否审批、是否进行安全技术交底；

2）吊篮工作钢丝绳和安全钢丝绳是否分开安装在不同悬挂点上；

3）是否有可靠的防止前梁产生滑移和侧翻的措施；

4）前梁外伸长度是否符合产品说明书规定、前支架与支撑面是否垂直、脚轮是否受力、前支架调节杆是否固定在上支架与悬挑梁连接的结点；

5）配重件的重量是否符合设计规定、配重块是否完整；

6）钢丝绳磨损、断丝、变形、锈蚀是否达到报废标准；钢丝绳在做回弯时，是否使用鸡心环保护使其圆滑过弯；

7）安全绳规格、型号与工作钢丝绳是否相同、是否独立悬挂、安全绳是否悬垂；利用吊篮进行电焊作业是否对钢丝绳采取保护措施；

8）挂设安全带的安全绳是否固定在具有足够强度的建筑结构上、严禁与吊篮的任何部位连接、安全绳拐角处须采取防磨断保护措施；

9）张紧绳是否在方管横梁上方居中；

10）吊篮是否安装上限位装置；吊篮操作人员是否使用自锁器将安全带连接到生命安全绳或其他安全装置上；

11）吊篮使用前是否经空载运行试验合格、操作升降人员是否培训合格上岗；

12）安全绳和电缆在结构拐角处是否做保护；

13）每台吊篮是否配"一机一闸、一漏一箱"装置的专用配电箱；

14）吊篮平台周边的防护栏杆或挡脚板的设置是否符合规范要求、吊篮内作业人员数量是否超员；

15）是否履行验收程序、验收表是否经责任人签字。

（11）附着式升降脚手架安全检查要点如下：

1）架体高度不得大于5倍楼层高；

2）架体宽度不得大于1.2m；

3）直线布置的架体支承跨度不得大于7m，折线或曲线布置的架体，相邻两主框架支撑点处的架体外侧距离不得大于5.4m。折线布置只允许一跨二折，其支承跨度不应大于5m，且折点外边离跨中心不得大于2m；

4）架体的水平悬挑长度不得大于2m，且不得大于跨度的1/2；

5）架体全高与支承跨度的乘积不得大于110m^2；

6）网片之间螺栓是否有松紧、缺漏等；

7）爬梯口设置位置是否利于通行；

8）爬梯扶杆是否固定牢固；

9）脚手板是否能翻设到位、覆盖墙体；脚手板是否满铺；安全网是否封严绷紧；

10）网片是否连接牢固，禁止用螺纹钢焊接；

11）架体是否平整，有无一端下沉现象；

12）两组架体之间缝隙（断片处）是否封闭，有无可靠性防护；

13）电缆固定情况，穿管固定到架体，禁止裸露电缆；电箱读数，是否每个传感器均有效，电箱是否有防雨措施；

14）电动葫芦起重链是否有锈蚀、扭链等现象：要求导链上油，葫芦设置防护罩，检查挂钩挂设情况；

15）导向座设置情况：位置是否符合方案要求，螺栓是否腐蚀、是否上两个螺帽、漏丝是否达到3~5个丝扣，螺栓垫片大小是否合适，防坠设施是否有效，导轨需要使用支杆顶撑（禁止使用钢筋、穿墙螺栓等固定）、每个导轨设置三个导向座（静止过程需要三个均有效）；

16）顶端是否超过作业面一层；

17）每层通道是否畅通无阻；

18）防坠吊杆是否变形；

19）防坠落装置是否灵活自如、是否腐蚀。

（12）附着式升降脚手架安全检查要点如下：

1）动火前手续是否齐全，是否将与动火点相连的管线进行可靠的隔离、封堵、拆除处理；

2）动火点15m内的各类井口、排气管、管道、地沟等应封严盖实；

3）动火前是否将在动火区域设置警戒标志、警戒绳；

4）动火时，监护人必须到位，动火人离开动火点，停止动火；

5）动火前消防措施是否到位，是否配备足够的消防器材；

6）动火前是否按规定对动火点进行了气体检测，检测合格后方可进行动火作业；

7）气体检测时，是否按规定每次使用前与其他同类型检测仪进行比对检查，检测仪是否在校验期内；

8）使用氧气、乙炔瓶时，是否按规定摆放，氧气瓶与乙炔气瓶的间隔不小于5m，且乙炔气瓶严禁卧放，二者与动火作业地点距离不得小于10m，并不准在烈日下曝晒；

9）使用氧气、乙炔时，氧气乙炔表是否完好，无破损；

10）恶劣天气是否停止室外动火作业，遇有五级以上（含五级）风不应进行室外高处动火作业，遇有六级以上（含六级）风应停止室外一切动火作业；

11）高处作业动火时，是否在动火点下方采取防止火花溅落措施，是否在动火点下方设置接火盆。

6.10 安全生产事故调查及处理

根据国务院《生产安全事故报告和调查处理条例》，制定监理机构事故报告、调查处理制度。目的是做好事故的及时报告、调查、处理、统计，采取预防措施，防止事故的再次发生。

1. 事故的上报

轻伤事故，应在当日内向上级主管部门及公司报告。报告的内容包括发生事故的单位、地点、时间、伤亡情况、初步分析的事故原因，以及组织抢险情况等。

各单位发生重伤、死亡事故必须在1小时内要求向公司、工会电话报告，并填报《事故即时报告书》，由总部报上级及有关部门；同时监理人员应在1小时内向指挥部和上级有关部门报告。向业主上报10万元以上的事故，应在1小时内逐级向上级报告。

在生产区域内发生的非本项目人员伤亡事故，也按以上程序上报。事故发生后，要求当事人、当事单位在向上级报告的同时，要组织人员积极抢救并保护好现场，努力减少人员伤亡和财产损失。

2. 事故调查

轻伤事故由各单位自行组织调查处理后，书面资料建档保存。事故发生现场负责人应遵守"迅速、准确"的原则，在规定的时间内逐级上报事故情况，施工单位除向监理单位报告外，还应向建设单位报告。

三人以下的重伤事故，由安全负责人会同当地劳动、公安、检察、工会、业主组成事故调查组进行调查。重大伤亡事故由省主管部门会同同级劳动、公安、工会等部门组成调查组进行调查。

当事人和有关单位在接受调查时，应积极配合调查工作的开展，如实反映情况。事故报告应当包括以下内容：

（1）事故发生的时间、地点及现场情况；

（2）事故的简要经过；

（3）事故可能造成的伤亡人数，初步估计的直接经济损失；

（4）已经采取的应急措施。

3.事故处理

（1）事故发生后，应按"四不放过"原则（即：事故原因分析不清放过；责任者和群众没有受到教育不放过；事故责任者没有受到严肃处理不放过；没有采取切实可行的防范措施不放过），查明事故发生原因、过程和人员伤亡、经济损失情况；确定事故责任者；提出事故处理意见和防范措施的意见，写出事故调查报告；

（2）发生事故的单位要对调查处理意见和防范措施负责落实、处理；

（3）因忽视安全生产、违章指挥、违章作业，对发现的和检查中指出的劳动安全隐患、危害情况不采取有效措施造成安全生产事故的，由公司或上级主管部门对事故直接责任人、间接责任人按国家有关规定给予相应的经济、行政处分；构成犯罪的，由司法机关依法追究刑事责任；

（4）凡在伤亡事故发生后隐瞒不报、谎报、有意迟延不报、故意破坏事故现场，或者无正当理由，拒绝接受调查以及拒绝提供有关情况和资料的，由公司或者有关部门按照国家有关规定，对有关单位负责人和直接责任人给予行政处分；构成犯罪的，由司法机关依法追究刑事责任；

（5）在调查、处理伤亡事故中玩忽职守、徇私舞弊或者打击报复的，由公司或上级主管部门按照国家有关规定给予行政处分；构成犯罪的，由司法机关依法追究刑事责任。

4.事故调查处理工作时间要求

1）重伤事故应在十日内结束；

2）死亡事故应在二十日内，情况复杂的可延至三十日内结束；

3）重特大事故按上级部门规定。

第7章　沟通与协调

7.1　沟通与协调的作用

7.1.1　人际关系的协调与沟通

组织协调的主要对象首先是人，各个参建单位的工作人员从始至终贯穿于工程建设当中。首先，协调工作就是要化解人际关系的矛盾，包括监理组织内部的分工和配合矛盾、监理组织和关联单位的人际关系矛盾等，做好了人与人之间的协调工作，才能为后续的工作打下坚实的基础；其次，要协调解决参建各方的人力、资金、设备、材料、技术等问题，使其满足工程建设要求。

7.1.2　质量和安全工作的沟通与协调

工程建设中，由于施工人员、方法、材料、设备和作业的环境等影响，特别是工程建设不可预见的因素，会导致一些质量问题和安全隐患，使施工行为偏离合同和规范标准，现场施工条件的复杂性可能导致有些安全质量问题存在争议、责任区分边界模糊等，由此发生矛盾的概率增大。监理工作应抓住问题的主要矛盾，协调化解矛盾，及时做好纠偏工作和协调工作，这样不仅可以强化对安全隐患采取的预控措施，防患于未然，而且可以防止造成不必要的损失。

7.1.3　进度控制中的沟通与协调

在工程建设过程中，会有许多不同专业、不同单位的施工人员在一起工作，必然存在衔接和协调问题，而进度控制的关键就是要抓好各方的协调，通过已制订的项目实施总进度计划，事前协调，围绕分解的各单位工程工期及关键节点，保证总工期目标的实现；实施过程中及时的协调工作有利于动态控制和调整，使工程的实际进度不偏离总进度计划；对与计划已发生差异的实际进度，要通过事后及时的协调工作，调整相应的施工计划、材料设备、资金供应计划等，在新的条件下协调工期的偏离。对进度计划事前、事中、事后的协调工作是保证实现项目工期总进度计划目标的重要手段。

7.1.4 投资控制中的沟通与协调

在工程施工中，由于工程条件具有复杂性、不可预见性，如勘察未探明的地下障碍物等原因，会造成工程量增加，施工人员窝工的费用变更；建设单位要求工程参加质量评比活动产生的额外工作，都会对工程产生影响，甚至会拖延工期，引起索赔。所以，监理的协调工作非常重要，只有处理好工程变更，协调好各方关系，才能将因变更产生的负效应减少到最低程度。

7.1.5 沟通与协调中的平衡的手段

一项工程往往有不同专业施工队伍同时在场施工，既有总包又有分包，加上设计、材料供应等，各自都有自己的工作计划和质量目标。所有这些都要监理工程师去协调平衡，实现工程建设的总目标。

7.2 沟通与协调的内容

主要协调参建各方与工程建设有关单位或人员的人际关系、组织机构的关系、供求关系、协作关系、法律关系以及其他可能发生的关系，真是涉及面广、层次多、困难多、不确定因素多，具体协作操作繁杂棘手，而且在监理运行过程中，不同时期又有不同的表现，这又说明了沟通协调工作还存在连续性、持久性、突发性、意外性。

7.3 沟通与协调的方法

沟通协调方法属于管理艺术和技巧的范畴，沟通类别有三种：一是人际沟通，建立良好的人际关系；二是工作沟通，提高决策质量；三是商务沟通，明确目标导向。监理人员如果能够了解并掌握这些方法，合理地运用到实际工作中，能使许多困难的问题迎刃而解，起到事半功倍的作用。

7.3.1 交谈协调法

交谈协调法，又称口头协调法。监理人员对于一般的问题可以采用这种方法提出口头指令，并可通过交谈了解协调的效果和各方的反应，方便及时，但不够正式。如果发现未达到效果，就要考虑采用其他的方法来确认和推进。

7.3.2 书面协调法

当交谈不方便又不需要召集会议时，可通过书面方式准确的反映情况，表达自己的意见，如通过监理通知单、监理工作联系单、报告、信件和其他书面指令形式组织协调。这种方法能准确体现当时情况，并能存档保留以备将来查询。

7.3.3 会议协调法

利用会议组织协调是监理工作中最常见的协调方法，如监理例会、专题现场会等。这种方法需要对会议决议形成书面纪要，并经各方代表签字确认，分发到各方落实执行。该方法的优点是各方参加、共同决定，效率高，解决问题彻底。

7.3.4 感情协调法

深入了解协调方的思想情绪，行为短板，实际困难，适时揳入。用感情感悟，用行动帮助解决实际困难，消除隔阂，拉近情感距离。

7.3.5 知识影响法

监理具有复合人才的优势，社会阅历，规范知识，法律条文，道德风尚，表达能力，写作水平，执业精神等淋漓尽致地发挥，影响被协调人及单位的世界观及价值观。

7.4 项目监理机构内部的沟通与协调

7.4.1 项目监理机构内部人际关系的协调

（1）在人员安排上要量才录用；

（2）在工作委任上要职责分明；

（3）在成绩评价上要实事求是；

（4）在矛盾调解上要恰到好处。

7.4.2 项目监理机构内部组织关系的协调

（1）在职能划分的基础上设置组织机构；

（2）明确规定每个部门的目标、职责和权限；

（3）事先约定各部门在工作中的相互关系；

（4）建立信息沟通制度；

（5）及时消除工作中的矛盾和冲突。

7.4.3 项目监理机构内部需求关系的协调

（1）对监理设备、材料的平衡；

（2）对监理人员的平衡。

7.5 项目监理机构与建设单位的沟通与协调

项目监理机构与建设单位的沟通与协调要点

（1）监理工程师要理解建设工程的总目标、理解业主的意图；

（2）做好监理宣传工作，增进业主对监理工作的理解；

（3）尊重业主，让业主一起投入建设工程的全过程。

7.6 项目监理机构与施工单位的沟通与协调

7.6.1 项目监理机构与施工单位的沟通与协调要点

（1）坚持原则、实事求是，严格按规范、规程办事；

（2）协调不仅是方法、技术问题，更多是语言艺术、感情交流和用权适度。

7.6.2 施工阶段的协调工作内容

（1）与承包商项目经理关系的协调；

（2）进度问题的协调；

（3）质量问题的协调；

（4）与承包商违约行为的处理；

（5）合同争议的协调；

（6）对分包单位的管理；

（7）处理好人际关系。

7.7 项目监理机构与设计单位的沟通与协调

项目监理机构与设计单位的沟通与协调要点

（1）真诚尊重设计单位的意见；

（2）及时向设计单位提出施工中出现的问题，以免造成大的损失；

（3）注意信息传递的及时性和程序性。

7.8 项目监理机构与政府有关部门的沟通与协调

7.8.1 与政府部门的协调

（1）做好与工程质量督促站的交流和协调；

（2）发生重大质量事故，敦促承包商及时向政府有关部门报告，接受检查和处理；

（3）工程合同应公证，并报政府建设管理部门备案，做好施工现场的文明施工等。

7.8.2 协调与社会团体的关系

一些大型工程建设能给当地的经济发展和人民生活带来好处，业主和监理应该把握机会，争取社会各界对工程的关心和支持。

第8章　设备采购与设备建造

8.1 采购与设备监造工作方案编审

8.1.1 设备采购方案

设备由建设单位直接采购的，项目监理机构要协助编制设备采购方案；由总承包单位或设备安装单位采购的，项目监理机构要对总承包单位或安装单位编制的采购方案进行审查。

8.1.2 设备监造方案的编制

监理设备采购及监造工作方案要根据建设项目的总体计划和相关设计文件的要求编制，使采购的设备符合设计文件要求。监造方案要明确审核设备采购的原则、范围和内容、程序、方式和方法的程序，包括审核采购设备的类型、数量、质量要求、技术参数、供货周期要求、价格控制要求等因素。设备采购及监造方案最终应获得建设单位的批准。

8.2 设备采购招标的监理工作要求

8.2.1 审查采购包划分是否合理

建设工程所需的材料和中小型设备采购应按实际需要的时间安排招标，同类材料、设备通常为一次招标分期交货，不同设备材料可以分阶段采购，每次招标时，可依据设备材料的性质只发一个合同包或分成几个合同包同时招标。投标的基本单位是合同包，投标人可以投一个或其中的几个合同包，但不能仅对一个合同包中的某几项进行投标。如果采购钢材招标，将钢筋供应作为一个合同包，其中包括 $\phi 8$、$\phi 12$、$\phi 20$、$\phi 22$ 等型号，投标人不能仅投其中的某一项，而必须包括全部规格和数量供应的报价。划分采购包的原则是：有利于吸引较多的投标人参加竞争以达到降低货物价格，保证供货时间和质量的目的。主要考虑的因素包括：

（1）有利于投标竞争。按照标的物预计金额的大小恰当地划分合同包。若1个合同包划分过大，中小供应商无力问津；反之，划分过小对有实力的供货商又缺少吸引力。

（2）工程进度与供货时间的关系。分阶段招标的计划应以到货时间满足施工进度计划为条件，综合考虑分批次的交货时间、运输、仓储能力等因素。既不能延误施工的需要，也不应过早到货，以免支出过多保管费用及占用建设资金。

（3）市场供应情况。项目的建设需要根据市场供应的情况合理分阶段、分批购买，这就要求在建设中合理预计市场价格浮动的影响。

（4）资金计划。考虑建设资金的到位计划和周转计划，合理进行分次采购招标。但在安排招标时，招标人不得以不合理的合同包限制或者排斥潜在投标人或者投标人。依法必须进行招标的项目的招标人不得利用分解合同包的方式规避招标。

8.2.2 监理单位审查设备采购招标资格的内容

（1）具有独立订立合同的能力；

（2）在专业技术、设备设施、人员组织、业绩经验等方面具有设计、制造、质量控制、经营管理的相应资格和能力；

（3）投标单位具有完善的质量保证体系；

（4）业绩良好。要求具有设计、制造与招标设备（或材料）相同或相近设备（或材料）的供货业绩及运行经验，在安装调试运行中未发现重大设备质量问题或已有有效改进措施；

（5）有良好的银行信用和商业信誉等。

8.2.3 监理单位参与设备采购招标评标工作

建设工程项目材料设备采购招标评标的特点是，不仅要看报价的高低，还要考虑招标人在货物运抵现场过程中可能要支付的其他费用，以及设备在评审预定的寿命期内可能投入的运营、管理费用的多少。如果投标人的报价较低但运营费用很高时，仍不符合以最合理价格采购的原则。材料设备采购评标，一般采用评标价法或综合评估法，也可以将二者结合使用。技术简单或技术规格、性能、制作工艺要求统一的设备材料，一般采用经评审的最低投标价法进行评标。

技术复杂或技术规格、性能、技术要求难以统一的，一般采用综合评估法进行评标。

1.评标价法

以货币价格作为评价指标的评标价法，依据标的性质不同可以分为以下几类比较方法：

（1）最低投标价法

采购简单商品、半成品、原材料，以及其他性能、质量相同或容易进行比较的货物时，仅以报价和运费作为比较要素，选择总价格最低者中标。

（2）综合评标法

以投标价为基础，将评审各要素按预定方法换算成相应价格值，增加或减少到报价上形成评标价。采购机组、车辆等大型设备时，通常采用这种方法，投标价之外还需考虑的因素通常包括：运输费用，交货期，付款条件，零配件和售后服务，设备性能及生产能力。

（3）以设备寿命周期成本为基础的评标价法

采购生产线、成套设备、车辆等运行期内各种费用较高的货物，评标时可预先确定一个统一的设备评审寿命期（短于实际寿命期），然后再根据投标书的实际情况在报价上加上该年限运行期间所发生的各项费用，再减去寿命期末设备的残值。计算各项费用和残值时，都应按招标文件规定的贴现率折算成净现值。

这种方法是在综合评标价的基础上，进一步加上一定运行年限内的费用作为评审价格。这些以贴现值计算的费用包括：①估算寿命期内所需的燃料消耗费；②估算寿命期内所需备件及维修费用；③估算寿命期残值。

2.综合评估法

按预先确定的评分标准，分别对各投标书的报价和各种服务进行评审记分。

（1）评审记分内容

主要内容包括：投标价格、运输费、保险费和其他费用的合理性；投标书中所报的交货期限偏离招标文件规定的付款条件影响；备件价格和售后服务；设备的性能、质量、生产能力；技术服务和培训；其他有关内容。

（2）评审要素的分值分配

评审要素确定后，应根据采购标的物的性质、特点，以及各要素对总投资的影响程度划分权重和积分标准，既不能等同对待，也不应一概而论。

简单易行、评标考虑要素全面、将难以用金额表示的某些要素量化后加以比较，这些都是综合评估法的好处。缺点是各评标委员独自给分，对评标人的水平和知识面要求高，否则主观随意性大。投标人提供的设备型号各异，难以合理确定不同技术性能的相关分值差异。

8.3 非招标设备采购的询价

8.3.1 询价的基本原则

（1）合理性原则，采用货比三家的办法，至少具备三家报价，并以设备制造单位正规报价单为主、网络报价为辅；

（2）可比性原则，是设备采购特别重要的一个原则，因为设备包含的零配件、材料数量很多，产品的技术参数完全一致是比较困难的。询价时一定要考虑性能差别对工程项目的影响和价格的影响；

（3）时效性原则，应取得商家的最新报价，报价时要明确有效期；

（4）参照性原则，可参照同类已审工程的价格。时限一般在6个月为宜，同时应综合考虑其具体设计方案、规格数据、造价比重、外协、外购件的品牌等影响因素，不能生搬硬套；

（5）准确性原则，由于材料设备价格受市场诸多因素影响，定价时应加强沟通协调能力，存在较大争议时，应集体讨论决定。

8.3.2 询价方式方法

在设备采购准备阶段，项目监理机构应协助建设单位对拟采购的设备价格进行摸底，然后结合采购设备的特点，要求确定设备采购的招标控制价。

（1）电话询价。先取得设备生产厂家的联系方式，再通过电话以设备采购者的身份，询问该设备制造单位在相关建设工程项目建设期间的价格。其优点是：方便快捷、节省审计时间、费用成本低；其缺点是：得到价格信息准确度不高，没有实质的证据。

（2）网络询价。通过网站进行了解、查询价格。其优点是：过程与电话询价类似，但可以将网络资料打印作为辅助证据；其缺点是：网上商品良莠不齐、虚假信息较多，查得结果多但只能用来参考。

（3）实地询价。选择相同地区或者是附近地区，由建设单位和监理人员直接前往相关生产厂家、市场经销门店进行询价。其优点是：价格信息依据充分，价格信息较为准确；其缺点是：有些材料设备生产厂家比较少，选择范围小，找寻时间长，成本费用较高。

（4）同行询价。向相关业内单位或者设备供应单位进行询价。可以向使用过相同或类似产品的熟识供应商进行询价，利用他们熟悉市场的优势，获取相关材料的价格。其优点是价格信息较真实，缺点是价格信息依据不够充分。

（5）参考已建项目。利用自己公司和政府采购的资源，查阅已经招标的、已结算的相关设备价格，或相近设备进行推算。

8.4 设备采购合同谈判与签订

8.4.1 设备采购合同谈判和签订应注意的问题

1.商务部分

（1）迟交货罚款

根据设备采购的特点，设备采购合同是以工程进度为导向，设备采购交货期必须满足总工期的需求，因此在合同谈判时必须要求较短的交货期，但设备制造单位对交货期大多比较谨慎，总是希望合同中签订的交货时间是最保险的时间，且是成本最低的时间。因此，专业监理工程师应协助建设单位估算设备生产周期，依照工程总进度计划确定项目最早、最晚需求的时间，如果设备采购量比较大，可设定分批交货，掌握上述情况在合同谈判就可以客观地达成双方都可接受的合理交货时间。为了保证交货期，对设备制造单位的交货期进行有效约束，通常做法是设立迟交货罚款的条款，且最大清偿额不大于合同总额的5%，迟交货罚款是保证整个项目计划的重要手段。

（2）预付款保函

预付款保函是预付款支付后设备到货的保证，对于标的较大，预付款比例大的设备采购合同，在谈判时应要求设备制造商提供预付款保函，作为建设单位风险管控的手段。但要注意预付款保函有效期的可操作性，过长的有效期将使设备制造商的财务费用增加，而设备制造商必然将这方面的费用考虑到报价中。通常做法是保函有效期和交货期完全一致，这样就要求项目监理机构和建设单位动态地管理合同执行情况，严密监控设备生产进展情况，对无法按时交货要有预见，一旦发现异常，立即要求对方延长保函有效期，若对方不延长保函有效期则立即启动预付款保函项下追索的程序，向设备制造单位发函，向银行发函，否则非常容易错过保函有效期，使建设单位利益受到严重损害。

（3）设备保修期和尾款

合同签订时，要充分考虑设备保修期和设备验收性能差异的问题，为保证设备按期调试、可靠性考核的通过以及验收的通过，建设单位应有5%~10%的尾款用于设备验收合格后支付，性能考核未通过时建设单位将此款作为补偿，一般不超过合同的10%。设备制造商一般只同意1年的保修期，建设项目设备保修期是2年，在谈判时要特别注意，力争与工程质量保修书中的保修期一致。

2.技术部分

（1）技术要求

设备采购合同中技术部分应包含主要内容：供货范围及工作范围；规范和标准；技术参数及要求；技术服务和设计联络；质量保证和试验；包装、运输、储存及交货。

在谈判前要成立技术谈判小组，重点细化设计文件技术要求，对关键原材料、零件、配件等提出技术规格和指标，如具体厂家、型号、材质、性能指标等。制定的技术要求需要得到设计单位的认可，对大型设备采购还可组织专家共同对技术要求进行评审。

（2）验收标准

验收标准可以分为两类：产品零配件的验收标准和设备的验收标准。

1）产品零部件的验收标准

产品零部件的验收标准是设备监造的重要依据之一，因此在设备采购合同中对零配件执行的标准、验收方法应明确指出，特别是个别指标高于产品标准的。

2）设备的验收标准

在合同中对验收标准、验收方法进行明确，尽量细化，避免出现如"质量技术依据、按有关标准执行"等模糊约定，以防止不必要的纠纷。验收期限、验收地点也同样应该明确。

8.4.2 招标文件中含有合同版本的合同谈判

（1）最终双方签署的合同应在原招标、投标文件的基础上，补充合同澄清阶段设备制造单位确认的内容和合同谈判阶段双方达成一致的内容，形成一个文本加入正式合同内。

（2）关于合同协议的补遗。合同补遗则是在合同谈判后根据谈判结果形成的，而且按一般法律惯例合同补遗优先于合同其他文件。

在合同谈判阶段双方的谈判结果一般以"合同补遗"的形式，有时也可以以"合同谈判纪要"形式，形成书面文件。这一文件将成为合同文件中极为重要的组成部分，因为它最终确认了合同签订人之间的意志，所以它在合同解释中优先于其他文件。为此不仅设备制造单位对它重视，建设单位也极为重视，它一般是由建设单位或专业监理工程师起草。对于经过谈判更改了招标文件中条款的部分，应说明已就某某条款进行修正，合同实施按照"合同补遗"某某条款执行。

（3）签订合同。合同签订之后，设备制造单位应按规定及时递交履约保函或担保，并要求业主退回投标保函；同时，如果有动员预付款，设备制造单位还应递交预付款保函，以争取早日获得预付款，做开工准备工作。

签订合同协议书并受到设备制造单位的履约保函后，建设单位应尽快将投标保函退还设备制造单位和其他未中标的投标者。

8.5 设备监造的主要工作

设备监造是指项目监理机构按照建设工程监理合同和设备采购合同约定，对设备制造过程进行的督促检查活动。设备制造过程的质量监控包括四个部分：设备制造过程的督促和检验；设备的装配和整机性能检测；设备出厂的质量控制；质量记录资料的监控。

8.5.1 设备监造的工作内容

（1）总监理工程师应组织专业监理工程师熟悉设备图纸、技术标准、制造工艺以及设备供货合同中的有关规定，并应参加建设单位组织的设备制造图纸的设计交底；

（2）总监理工程师应组织专业监理工程师编制《设备监造方案》，经监理单位技术负责人审核批准后在设备制造开始前报送建设单位备案；

（3）项目监理机构应检查设备制造单位的质量管理体系，并应审查设备制造单位报送的设备制造生产计划和工艺方案，提出监理审查意见。符合要求后予以签署，并报建设单位；

（4）项目监理机构应核实制造单位主要分包方的资质情况、实际生产能力和质量管理体系是否符合设备供货合同的要求；

（5）项目监理机构应审查设备制造的检验计划和检验要求，并应确认各阶段的检验时间、内容、方法、标准，以及检测手段、检测设备和仪器；

（6）专业监理工程师应对设备制造过程中拟采用的新技术、新材料、新工艺的鉴定书和试验报告进行审查，并签署意见；

（7）专业监理工程师应审查关键零件的生产工艺设备、操作规程和相关生产人员的上岗资格，并对设备制造和装配场所的环境进行检查；

（8）应审核制造设备的原材料、外购配套件、元器件、标准件，以及坯料的证明文件及检验报告，并应审查设备制造单位提交的报验资料，符合规定时应予以签认；

（9）项目监理机构应对设备制造过程进行督促和检查，对主要及关键零部件的制造工序应进行抽检；

（10）项目监理机构应要求设备制造单位按批准的检验计划和检验要求进行设备制造过程的检验工作，并应做好检验记录。项目监理机构应对检验结果进行审核，认为不符合质量要求时，应要求设备制造单位进行整改、返修或返工。当发生质量失控或重大质量事故时，应由总监理工程师签发暂停令，提出处理意见，并应及时报告建设单位；

（11）检查和督促设备的装配过程，符合要求后予以签认；

（12）在设备制造过程中如需要对设备的原设计进行变更时，项目监理机构应审核设计变更，并应协调处理因变更引起的费用和工期的调整，同时应报建设单位批准；

（13）项目监理机构应参加设备整机性能检测、调试和出厂验收，符合要求后予以签认；

（14）在设备运往现场前，项目监理机构应检查设备制造单位对待运设备采取的防护和包装措施，并应检查是否符合运输、装卸、存储、安装的要求，以及随机文件、装箱单和附件是否齐全；

（15）专业监理工程师应按设备制造合同的约定审查设备制造单位提交的付款申请，提出审查意见，并应由总监理工程师审核后签发支付证书；

（16）定期向委托人提供监造工作简报，通报设备在制造过程中加工、试验、总装以及生产进度等情况；

（17）专业监理工程师应审查设备制造单位提出的索赔文件，提出意见后报总监理工程师，并应由总监理工程师与建设单位、设备制造单位协商一致后签署意见；

（18）专业监理工程师应审查设备制造单位报送的设备制造结算文件，提出审查意见，并应由总监理工程师签署意见后报建设单位；

（19）设备监造工作结束后，编写设备监造工作总结，整理监造工作的有关资料、记录等文件，一并提交给委托人。

8.5.2 设备监造方案的编制

总监理工程师应组织专业监理工程师编制设备监造方案，经监理单位技术负责人审核批准后，在设备制造之前报送建设单位，监造方案应包括以下内容：

（1）监造的设备概况；

（2）监造工作的目标、范围及内容；

（3）监造工作依据；

（4）监造监理工作的程序、制度、方法和措施；

（5）设置设备监造的质量控制点：确定文件见证点、现场见证点和停止见证点等监理控制点和方式；

（6）项目监理机构、监理人员组成、设施装备及其他资源配备。

8.5.3 设备监造质量控制方式

（1）驻厂监造：监理人员直接进入设备制造单位的制造现场，成立相应的设备监造项目监理机构，编制监造方案，实施设备制造全过程的质量监控。

（2）巡回监控：监理人员根据设备制造计划及生产工艺安排，当设备制造进入某一特定部位或某一阶段，监理人员对完成的零件、半成品的质量进行复核性检验，参加整机装配及整机出厂前的检查验收，检查设备包装、运输的质量措施。在设备制造过程中，监理人员要定期及不定期的到制造现场，检查了解设备制造过程的质量状况，发现问题及时处理。

（3）质量控制点监控：针对影响设备制造质量的诸多因素，设备质量控制点，做好预控及技术复核，实现制造质量的控制。

8.5.4 设备监造质量控制手段

（1）巡回检查：是指监理人员对制造、运输、安装调试工程情况有目的的巡视检查。

（2）抽查检查：按规定对设备的制造、运输、安装调试过程进行抽检，或100%检查。

（3）报验检查：设备制造单位对必验项目自检合格后，以书面形式报项目监理机构，监理人员对其进行检查和签认。

（4）旁站督促：监理人员对重要制造过程、设备重要部件装配过程和主要结构的调试过程实施旁站检查和督促。

（5）跟踪检查：跟踪检查主要设备、关键零部件、关键工序的质量是否符合设计图纸和标准的要求，对于设备主体结构制造和设备安装以驻厂跟踪监理为主。

（6）审核：审核包括设备制造单位资格审核，人员资格审核，设计、制造和安装调试方案审核。

8.5.5 设备监造质量控制点的设置

质量控制点的设置，主要针对设备制造过程中，对设备质量有明显影响的重要工序环节，或针对设备的主要关键部件、加工制造的薄弱环节及易产生质量缺陷的工艺过程。

1. 文件见证R点

监理人员审查设备制造单位提供的文件。内容包括原材料、元器件、外购外协件的质量证明文件、施工组织设计、技术方案、人员资质证明、进度计划制造过程中的检验、试验记录等。由监理人员对符合要求的资料予以签认。

2. 现场见证W点

监理人员对复杂的关键工序、测试、试验要求(如焊接、表面准备、发运前检查等)进行旁站监造,制造单位应提前通知监理人员,监理人员在约定的时间内到达现场进行见证和监造,现场见证项目应有监理人员在场对制造单位的试验、检验等过程进行现场督促检查,对符合要求的予以签认。

3. 停止待检H点

指重要工序节点、隐蔽工程、关键的试验验收点或不可重复试验验收点,通常是针对"特殊过程"而言,我们已经知道特殊过程通常是指该工程或工序质量不易或不能通过其后的检验和试验而得到充分验证,因此对于某些制造质量不能依靠其后的检验来把关,或难以在以后检验其内在质量的工序或过程,或者是某些万一发生质量事故却难以挽救的制造对象,就应设置停止待检点。如材料复验、第一条纵缝相对、尺寸检查、整机性能检测、水压前验收等,停止待检项目必须有监理人员参加,现场检验签认后方能转入下道工序。

4. 日常巡检P点

日常巡检是指监理人员在生产车间了解加工人员执行工艺规程情况、工序质量状况、各种程序文件的贯彻情况、零部件的加工及组装试验状况、不合格品的处置情况以及标识、包装和设备发运情况。

5. 文件见证点(R点)

伴随着设备制造过程中质量记录的产生而产生,并由监理人员及时记录的文件见证资料,随时可能发生。现场见证W点、停止待检H点是有预定见证日期的,在预定见证日期之前,设备制造单位应通知监理人员,H点不少于5天,W点不少于3天。如设备制造单位未按规定提前通知,致使监理人员不能如期参加现场见证,监造人员有权要求重新见证。监造人员未按规定程序提出变更见证时间而又未能在规定时间参加见证时,制造单位将认为监理人员放弃监造,可进行下道工序。W点则转为R点见证,但H点没有监理机构书面意见时,制造单位不得自行转入下道工序,应与监理机构联系商定更改见证日期。如更改时间后,监理人员未按时到达,即H点可转为R点随后进行见证。监理人员在收到设备制造单位见证通知后,应及时参加见证。如不能及时参加,则要向设备制造单位提出变更见证时间或向项目监理机构提出另派监理人员参加。

质量见证应检查实物质量特征、文件及记录的符合性、作业过程程序和手段的符合性、所用设备设施及物料的符合性、人员的符合性、环境等辅助条件的符合性，并进行确认。

在工序质量控制过程中，对于设备监造方案中设置的见证点、停检点，监理人员应按照作业程序及时进行测量检查，以确定阶段成果是否符合相关的质量标准。避免错误的成本总是大大低于补救错误的成本，因此对于W点或H点要防止跳过检查，特别是停止待检H点。

8.5.6 对关键零部件制造质量监理工作要点

对关键零部件制造质量的监控，首先应判别零部件关键性等级，以便在监造过程中采取不同的监理手段。关键性等级划分是一种用于评定设备零部件重要性的评估方法，它从设计成熟性、故障后果、产品特性、制造复杂性等方面评估设备零部件的关键级别。通过此方法可以确保设备的技术级别、审核与检验，以及资源承诺等级与故障影响及后果一致。关键性等级划分通常由设计人员按产品质量特性划分的，并列出清单作为设计文件。如果设计文件中没有清单，项目监理机构应协助建设单位、设计人员按特定的程序进行评估，评估结果形成设备关键性等级划分清单。可以根据设备关键性级别进行重点针对性管理，从而在整体质量可接受的条件下，有效降低监造成本。

监理工作要点：

（1）项目监理机构应按照设备关键性级别清单的等级划分设置监理质量控制点和抽检频次；

（2）监理人员检查制造单位的工序，检查程序是否正常；

（3）监理人员应检查责任检验员是否到位；

（4）项目监理机构应检查是否严格执行首检制度，自检、互检、抽检是否按程序进行；

（5）监理人员应检查设备制造单位是否按程序做好零件进出仓库的记录工作；

（6）监理人员应把关键零件按规定进行编号标识，关键项目实测记录应归档保存管理，以便查阅；

（7）项目监理机构应检查制造单位的不合格品控制是否正常。

8.5.7 对原材料、主要配套件、外购件、外协件质量监控的监理工作要点

（1）专业监理工程师应核查供货商是否符合合同规定，是否为经建设单位批准的供货商；

（2）专业监理工程师应审查原材料、配套件、外购件、外协件的质量证明文件及检验报告；

（3）专业监理工程师应审查原材料进货、制造加工、组装、中间产品试验、强度试验、严密性试验、整机性能试验、包装直至完成出厂并具备装运条件的检验计划与检验要求，此外，应对检验的时间、内容、方法、标准以及检测手段、检测设备等一起进行审查；

（4）专业监理工程师应逐项核对材料型号、炉号、规格尺寸与材质证明原件等，审核是否符合施工图样规定，并审核材质证明原件所列化学成分及机械性能是否符合相应国家标准或规范的要求；

（5）专业监理工程师应检查制造单位的物资采购程序运转是否正常；

（6）专业监理工程师应检查采购的技术文件是否满足设计技术文件的要求，核对型号、名称、规格、精度等级加工要求；

（7）项目监理机构应审查分包采购计划、采购规范、采购合同以及对分包结果质量验收进行见证和检查，必要时视分包的重要程度对分包过程进行连续或不连续的质量见证、督促和检查，评审是否满足质量及进度要求；

（8）专业监理工程师应检查外协件的监理单位是否按合同条件进行验收，外协件进厂后还应填写入库单，经外协检查员确认后方可入库或转入下一道工序；

（9）专业监理工程师应检查"紧急放行"程序是否符合规定。在采购中因故不能及时提供，而生产中又急需该物资，应按规定办理代用手续，经建设单位代表同意并签字，可按"紧急放行"原则处理，但还须在外购件上做好标识，并在入库单上予以备注记录。

8.5.8 特殊过程质量控制的监理工作要点

常见的特殊过程有三种情况：一是对形成的设备是否合格，不易或不能经济的进行验证的过程；二是当生产和服务提供过程的输出不能由后续的监视或测量加以验证的过程；三是仅在设备使用或服务已交付之后问题才显现的过程。特殊过程的特点是：既重要又不易测，操作时需要特殊技巧，工序完成后不能充分验证其结果。为确保特殊过程质量受控，项目监理机构要做好以下工作：

（1）项目监理机构应协助建设单位对特殊过程进行评审、制定准则（比如特殊过程规范）。

（2）项目监理机构应设置质量控制点，从工序流程分析入手，找出各环节影响质量的主要因素，研究评判标准，配合适当手段，进行工序过程的系统性控制。同时，在系统控制中对关键环节"点面结合"，实行重点控制。

（3）项目监理机构应对特殊工序质量控制以加强过程控制为主，辅以必要的较多次工序检验，专业监理工程师对现场操作拥有见证的权力和责任。当发现工序异常时，则应采取必要的纠正措施，必要时可临时停产，直至查明工序原因后再恢复生产。

（4）项目监理机构应加强设备制造单位的工艺方法的审核，根据产品的工艺特点，加强工艺方法的实验验证，制定明确的技术和管理文件，严格控制影响工艺的各种因素，使工序处于受控状态。

（5）专业监理工程师对特殊工艺所使用的材料和工具等实行严格控制，采用先进的检测技术，进行快速、准确的检验和调整。

（6）项目监理机构督促设备制造单位对特殊工序操作检验人员进行技术培训和资格考核。

（7）项目监理机构应及时做好过程运行的记录。

8.5.9 设备的制造、装配过程及整机性能检测的监理工作要点

（1）专业监理工程师应重视对加工作业条件的监控。加工制造作业条件，包括加工前制定工艺卡片，工艺流程和工艺要求，对操作者的技术交底，加工设备的完好情况及精度，加工制造车间的环境，生产调度的安排，作业管理等，做好这些方面的控制，为加工制造打下一个好的基础。

（2）专业监理工程师应重视对工序产品的检查与检测的监控。设备制造设计诸多工艺过程或不同工艺，一般设备要经过铸造、锻造、机械加工、热处理、焊接、连接、机组装配等工序。控制零件加工制造中每道工序的加工制造质量是零件制造的基本要求，也是设备整体制造的基本要求和保障。所以在每道工序中都要进行加工质量的检验，检验是对零件制造的质量特性进行监测、监察、试验和计算，并将检验结果与设计图纸或者工艺流程规定的数据进行比较，判断质量特性的符合性，从而判断零件的合格性，为每道工序把好关。同时，零件检验还要及时汇总和分析质量信息，为采取纠正措施提供依据。因此，检验是保证零件加工质量和设备制造质量的重要措施和手段。

（3）专业监理工程师应对产品制造和装配工序进行督促检查。包括督促零件加工制造是否按规程规定、加工零件制造是否经检验合格后才转入下一道工序、关键零件的关键工序以及其检验是否严格执行图纸及工艺的规定。检查要包括督促下道工序交接检查、车间或工厂之间的专业之间的专业检查及监理工程师的抽检、复检或检查。

（4）专业监理工程师督促设备制造单位对零件、半成品、制成品进行保护。

对已做好的合格零部件做好存储保管，防止遭受污染、锈蚀及控制系统的失灵，避免备件配件的损失。

（5）项目监理机构应对设备装配的整个过程进行监控，检查传动机的装配质量、零部件的组对尺寸偏差。

（6）专业监理工程师督促设备制造单位严格按照不合格控制程序进行管理，在设备检验过程中发现不合格品时，应做好不合格品的标识、记录、评价、隔离和处置，并向有关部门报告；对有争议的不合格设备的评价和处置，必要时要会同有关部门一道做出决定。专业监理工程师还要关注不合格项的后续活动安排的控制。

（7）项目监理机构应审核设备制造单位的整机性能检测计划。在设备制造单位先行检验合格的基础上，建设单位组织有关项目部门、设计、检验、监理等专业人员参加整机性能检测的检查，整机性能检测主要内容：整体尺寸、强度试验、运动件的运动精度、动平衡试验、抗震试验、超速试验等。检测参加人员应对设备分别进行现场抽查检测和验收资料审查，经讨论后形成会议纪要，记录遗留问题、解决措施及验收结论。

8.5.10 设备出厂质量控制的监理工作要点

验收包括设备设计、制造和检验全过程，其监理工作要点如下：

（1）项目监理机构应对待出厂设备与设计图纸、文件与技术协议书要求的差异进行复核，主要制造工艺与设计技术要求的差异复核；

（2）项目监理机构应对关键原材料和元器件质量文件进行复核，包括主要关键原材料、协作件、配套元器件的质保书和进厂复验报告中的数据与设计要求的一致性；

（3）项目监理机构应对关键零部件和组件的检验、试验报告和记录以及关键的工艺试验报告与检验、试验记录和复核；

（4）项目监理机构应对重要点和重要点的设备零、部、组件的加工质量特性参数试验核查，工艺过程的监视和相关记录的核对；

（5）项目监理机构应检查完工设备的外观、接口尺寸、油漆、充氮、防护、包装和装箱等质量；

（6）专业监理工程师应清点设备、配件和备件备品，确认供货范围完整性；

（7）专业监理工程师应复核合同规定的交付图纸、文件、资料、手册、完工文件的完整性和正确性；

（8）专业监理工程师应检查和确认包装、发运与运输是否满足设备采购合同的要求；

（9）总监理工程师应签署见证、验收文件。

8.5.11 设备交货验收

（1）设备交货验收包括设备制造现场验收和设备施工现场验收。

（2）合同中明确需要进行设备制造现场验收时，设备出厂验收合格后，总监理工程师应通知工程项目建设单位。建设单位应组织设备制造单位、设备监造机构、设计单位、工程项目施工监理机构对交货设备在监造现场进行验收，验收合格后方可将设备运输到施工现场。

（3）施工现场验收是设备运输到达施工现场后，建设单位应组织有关人员按规定要求进行验收。此项工作一般分为进场和安装前两段进行，即进场后对设备包装物的外观检查，要求按进货检验程序规定实施；设备安装前的存放、开箱检查要求按设备存放、开箱检查规定实施。

8.5.12 设备监造进度控制方法和措施

（1）项目监理机构根据设备供货合同，审查设备制造单位报送的进度总计划（含采购计划），并提交进度计划报审表，审核设备制造单位的生产总计划是否符合合同规定的交货进度要求。

（2）项目监理机构督促设备制造单位根据已确认的生产进度总计划，按月分解生产作业计划，并审核其计划是否能满足已确认的生产总计划的要求，最终满足合同要求。

（3）专业监理工程师定期对生产进度的关键节点做跟踪审查，不定期地对其他节点作随机抽查，发现进度异常，及时上报建设单位。

（4）里程碑模式的管理，里程碑是计划中的标志性活动，能否按期实现是监理管理中的重点，对里程碑的有效控制既是进度管理的目标也是进度管理的手段。设立可考核的富有挑战性的里程碑，通过合同支付和奖罚来控制进度。计划目标体系建立后，为了保证各项计划的贯彻实施，建立及时的信息反馈制度，利用现代管理手段，以计划目标体系为标准进行及时的监控，对目标有潜在危险的项目进行预先警告并采取相应的措施。在执行中，主要以合同为界面分层次进行管理，合同内的作业项目以设备制造单位控制为主，建设单位全面掌握各设备制造单位总体计划执行情况的信息，督促协调各个合同执行中出现的偏差对其合同的影响，协调关键接口工期，根据生产推进的实际进展调整总计划。

（5）推进全面进度管理模式，全面进度管理体系就是将建设单位和项目监理机构的工作计划纳入计划管理之中，因为建设单位和项目监理机构可能直接负责工程的某一阶段的工作，即使不直接负责某项工作，也可能对设备制造单位完成进度目标造成一定的影响。为了能准确考核设备制造单位的进度情况，必须明确建设单位和项目监理机构的工作对设备制造单位进度的影响。全面进度管理既强调计划的动态管理，也强调实施的责任，以确保计划的有效性、进度考核机制的合理性，从而实现进度管理从计划到控制、从人治到法制。

（6）突出接口管理，全面进度管理体系要求明确定义所有的工程接口、接口的内容和责任，以接口责任制来实现进度管理的全员参与。接口交换必须以接口上下游和监理人员的签字为依据，这也是进度跟踪记录的主要方式。项目监理机构通过督促检查工作和协调处理工作中出现的各种事务性问题为工程里程碑和接口的实现负责。

8.5.13 设备监造的文件资料应包括以下主要内容

（1）建设工程监理合同及设备采购合同；

（2）设备监造工作计划；

（3）设备制造工艺方案报审资料；

（4）设备制造的检验计划和检验要求；

（5）分包单位资格报审资料；

（6）原材料、零配件的检验报告；

（7）工程暂停令、开工或复工报审资料；

（8）检验记录及试验报告；

（9）变更资料；

（10）会议纪要；

（11）来往函件；

（12）监理通知单与工作联系单；

（13）监理日志；

（14）监理月报；

（15）质量事故处理文件；

（16）索赔文件；

（17）设备验收文件；

（18）设备交接文件；

（19）支付证书和设备制造结算审核文件；

（20）设备监造工作总结。

8.6 设备进场检查验收

8.6.1 设备进场检验要求

为保证进场设备型号规格、质量符合要求，专业监理工程师应做好设备进场的检查验收，检查的内容有：

（1）检查设备的到货情况，到场设备、配件应与清单一致，设备及零部件不得有变形、损坏、锈蚀，所有设备、材料、名称、型号和规格应与图纸要求一致。如有损伤或丢失应做好记录并照相取证，及时向供货厂家交涉处理。

（2）所有设备应具有出厂合格证等相关质量证明文件，进口设备还应具有商检合格证明。

（3）对解体装运的自主装设备，应尽快进行工地组装并测试。发现问题时应在合同规定期限内提出索赔要求。

（4）调拨的旧设备，应在原地进行测试验收，达到规定标准后才能发运，测试不合格不能装运发车。

（5）对长期使用的设备改造项目，应按设计使用要求，经过一定时间运行鉴定合格后予以验收。

（6）对自制设备，安装运行6个月后按设备使用功能要求验收。

8.6.2 设备检验的质量控制

设备检验的质量控制需要建设、设计、安装、制造监理等单位参加。重要的大型设备，应由建设单位组织鉴定小组进行检验。有关设备制造安装验收鉴定的资料应收集整理归档。设备检验质量控制的流程如下：

1.制订设备检验计划

（1）设备检查验收前，要求安装施工单位提交设备检查验收方案，内容包括验收方法、质量标准，检查验收的依据，经专业监理工程师审查同意后实施。

（2）专业监理工程师应做好设备检验的质量控制计划，内容包括设备检查验收的程序，检查项目、标准、检验、试验要求，设备合格证等有关设备质量控制要求的资料要求，是否符合要求的质量认证。

2.执行设备检验程序

（1）设备进场前，施工单位应向项目监理机构提交《工程材料/构配件/设备报审表》，同时附有设备出厂合格证及技术说明书、质量检验证明、图纸和技术资料。经专业监理工程师审查合格签认后方可进场。

（2）设备进场时，专业监理工程师应及时组织安装、供货或制造单位进行检查，按设备清单、技术说明书和相关质量控制资料检查验收。

（3）经检验发现进场设备不符合要求时，专业监理工程师应拒绝签认，由供货方更换或处理。

（4）由制造厂在工地组装的设备，应由厂家进行安装、调试和生产性试验合格后，由建设、监理单位验收合格后签署验收。

8.6.3 设备进场检验方法

1.设备的开箱检查

专业监理工程师应做好设备进场检查验收的质量控制，应督促设备的开箱检查，建设单位和设计单位应派代表参加，按以下各项检查并做好记录。

（1）箱号、箱数以及包装情况；

（2）设备的名称、型号和规格；

（3）按出厂设备清单核对产品及附件、备件是否完好、齐全；

（4）产品出厂的附件包括技术文件、资料和专用工具是否齐全。如变压器、发电机、控制柜等应附有出厂试验记录；

（5）设备有铭牌、无缺损，表面无损坏和锈蚀。如变压器绝缘件无缺损、裂纹、充油部件不渗漏、充气高压设备气压指示正常，表面涂膜完整；配电盘柜盘面应清洁无损伤，油漆无脱落，盘面及盘内电气件齐全，安装牢固符合设计要求，内部接线规整、备用端子足够。

设备以及所有附件均应妥善保管，如变压器应存放在室内并采取防潮措施。

2.设备的专业检查

进场的设备应对设备的性能、参数、运转情况进行全面的专业检验，根据不同的设备类型进行专项的检验和测试，如承压设备的水压试验、气压试验、气密性试验等。设备的性能、工作特性应符合设计要求和规范规定。

8.6.4 不合格设备的处理

1.大型或专用设备

大型或专用设备是否合格应按相应规定执行，一般要经过试运转及一定时间运行方能进行判断，必要时可组织专门验收小组验收或有关权威部门鉴定，如发现不合格则应修缮甚至更换。

2.一般通用或小型设备

（1）出厂前装配不合格或整机检验不合格的设备不能出厂。

（2）进厂检验不合格的设备不能安装，由供货单位更换或返修处理。

（3）试车不合格的设备不得投入使用，由安装单位重新调试试车直至验收合格。

8.7 设备安装质量控制

8.7.1 设备安装准备阶段的质量控制

（1）审查安装单位设备安装施工组织设计和安装施工方案；

（2）检查作业条件：如运输道路、水、电、气、照明及消防设施；主要材料、机具及劳动力是否落实，土建施工是否已满足设备安装要求；安装工序中有恒温、恒湿、防震、防尘、防辐射要求时，是否有相应的保护措施；当气象条件不利时，是否有相应的措施；

（3）采用建筑结构作为起吊、搬运设备的承力点时，是否对结构的承载力进行了核算并征得设计单位同意；

（4）设备安装中采用的各种检测仪器、仪表和设备是否符合计量规定。

8.7.2 设备安装过程的质量控制

设备安装过程的质量控制主要有：设备基础检验、设备就位、调平与找正、二次灌浆等工序的质量控制。

1.设备安装过程质量控制要点

（1）安装过程中的隐蔽工程，隐蔽前必须进行检查验收，合格后方可进入下道工序；

（2）必须坚持每道工序的施工自检、下道工序互检、专职质量员专检，监理工程师复检（和抽检），并做好检查记录；

（3）安装过程使用的材料，如各种清洗剂、油脂、润滑剂、紧固件等必须符合设计要求和产品标准的规定，有出厂合格证及安装单位自检结果。

2.设备基础的质量控制

（1）设备基础的位置和各部分尺寸应符合设计要求。检查混凝土强度和沉降观测记录，基础是否有下沉和倾斜等；

（2）设备基础表面应平整，无油污积水，纵横水平度满足要求，预埋件保护完好；

（3）预埋件和预留孔数量和位置准确，预埋螺栓直径应与设备螺孔直径符合。

3.设备就位的质量控制

（1）安装前，对设备安装的平面位置和标高的测量结果进行复核，检查施工单位的测量结果是否有误差，并检查安装施工方案的安全可靠性；

（2）设备调平找正的质量控制，检查安装单位使用工具、量具的检验证书和精度是否满足安装要求。对安装单位选择的基准面和测点进行检查和确认，如安装水平度、垂直度、平面度等，保证设备调平找正达到规范要求。

4.设备的复查与二次灌浆

设备安装定位后，专业监理工程师应在安装单位经自检合格的基础上进行复查，确认合格方可允许进行二次灌浆工作，预留孔灌浆前应清理孔内杂物。

5.设备安装质量记录资料的控制

设备安装质量记录反映了整个设备安装过程，对今后设备维修具有一定意义。专业监理工程师应督促检查安装单位按要求进行设备安装质量记录资料的收集整理，使其达到质量验收和竣工验收备案的要求。

（1）安装单位质量管理资料，如安装单位的质量管理制度、质量责任制、安装工程施工组织设计、安装方案等；

（2）安装依据，如设备安装图、图纸审查记录、作业技术标准、安装设备质量文件资料、安装作业交底文件资料等；

（3）设备、材料的质量证明，如原材料与构配件进场复验资料、试验检查资料、设备的验收资料等；

（4）安装设备验收资料，如安装施工过程隐蔽验收记录、工序交接验收记录、设备安装后整机性能检查报告、试装试拼记录、安装过程中设计变更资料、安装工程不合格品处理及返修返工记录等；

（5）对安装单位质量记录资料要求：

1）安装的质量记录资料要真实、齐全完整，签字齐备；

2）所有资料结论要明确；

3）质量记录资料要与安装过程的各阶段同步；

4）组卷、归档要符合建设单位及接受使用单位的要求，国际投资的大型项目，资料还应符合国际重点工程对验收资料的要求。

8.8 设备试运行质量控制

设备安装经检验合格后，还必须进行试运行，这是确保设备配套投产正常运转的重要环节。专业监理工程师应督促安装单位按规定步骤和内容进行试运行。设备安装单位认为达到试运行条件时，应向项目监理机构提出申请。经现场专业监理工程师检查并确认满足设备试运行条件时，由总监理工程师批准设备安装单位进行设备试运行。试运行时，建设单位及设计单位应有代表参加。

8.8.1 设备试运行的步骤和内容

中小型设备进行单机试车后即可交付生产。对复杂、大型机组或生产作业线，必须进行单机、联动、投料试车等阶段。试运行分为准备工作、单机试车、联动试车、投料试车和试生产四个阶段。试运行按以下步骤进行：

（1）先无负荷，到有负荷。如电动机的试运行应在空载情况下进行，空载时间2h；

（2）由部件到组件，由组件到单机，由单机到机组。电动机应按容量从大到小启动；

（3）分系统进行，先主动系统后从动系统；

（4）先低速逐级增至高速；

（5）先手控、后遥控运转，最后进行自控运转。

8.8.2 设备试运行过程的质量控制

1.设备试运行条件的控制

（1）设备及其附属装置、管路等全部施工安装完毕，施工记录质量控制资料齐备，并经专业监理工程师检查符合要求；

（2）需要的能源等符合试运行的要求；

（3）大型、复杂、精密仪器，试运行方案或操作规程应由安装单位编制完成，并经总监理工程师及建设单位审查批准；

（4）参加试运行的施工人员熟悉设备的构造、性能、设备技术文件，掌握操作规程及试运行操作，安装单位完成了相关的技术交底；

（5）经现场检查，设备及周围环境已清扫干净，设备附近没有粉尘或噪声较大的作业。

2.试运行过程的质量控制

专业监理工程师应参加试运行的全过程，督促安装单位做好各种检查和记录，如传动系统、电气系统、润滑、液压、气动系统的运行情况。试运行时应检查设备的运行情况，包括运转时的方向、声音、温度、振动、电流等是否正常。试车中出现异常，应立即进行分析并指令安装单位采取相应措施。

第9章 扬尘治理的监理工作

9.1 扬尘治理工作的依据和要求

9.1.1 总体法律依据和要求

(1)《中华人民共和国大气污染防治法》(2016年1月1日起施行)第5条："县级以上人民政府环境保护主管部门对大气污染防治实施统一督促管理。县级以上人民政府其他有关部门在各自职责范围内对大气污染防治实施督促管理。"

(2)《中华人民共和国大气污染防治法》(2016年1月1日起施行)第68条："地方各级人民政府应当加强对建设施工和运输的管理，保持道路清洁，控制料堆和渣土堆放，扩大绿地、水面、湿地和地面铺装面积，防治扬尘污染。"

住房城乡建设、市容环境卫生、交通运输、国土资源等有关部门，应当根据本级人民政府确定的职责，做好扬尘污染防治工作。

9.1.2 建筑施工工地扬尘防治相关规定

(1)《中华人民共和国大气污染防治法》(2016年1月1日起施行)第69条："第一款：建设单位应当将防治扬尘污染的费用列入工程造价，并在施工承包合同中明确施工单位扬尘污染防治责任。施工单位应当制定具体的施工扬尘污染防治实施方案。

第二款：从事房屋建筑、市政基础设施建设、河道整治以及建筑物拆除等施工单位，应当向负责督促管理扬尘污染防治的主管部门备案。

第三款：施工单位应当在施工工地设置硬质围挡，并采取覆盖、分段作业、择时施工、洒水抑尘、冲洗地面和车辆等有效防尘降尘措施。建筑土方、工程渣土、建筑垃圾应当及时清运；在场地内堆存的，应当采用密闭式防尘网遮盖。工程渣土、建筑垃圾应当进行资源化处理。

第四款：施工单位应当在施工工地公示扬尘污染防治措施、负责人、扬尘督促管理主管部门等信息。

第五款：暂时不能开工的建设用地，建设单位应当对裸露地面进行覆盖；超过三个月的，应当进行绿化、铺装或者遮盖。"

（2）《中华人民共和国大气污染防治法》（2016年1月1日起施行）第115条："违反本法规定，施工单位有下列行为之一的，由县级以上人民政府住房城乡建设等主管部门按照职责责令改正，处一万元以上十万元以下的罚款；拒不改正的，责令停工整治：

1）施工工地未设置硬质密闭围挡，或者未采取覆盖、分段作业、择时施工、洒水抑尘、冲洗地面和车辆等有效防尘降尘措施的；

2）建筑土方、工程渣土、建筑垃圾未及时清运，或者未采用密闭式防尘网遮盖的。

违反本法规定，建设单位未对暂时不能开工的建设用地的裸露地面进行覆盖，或者未对超过三个月不能开工的建设用地的裸露地面进行绿化、铺装或者遮盖的，由县级以上人民政府住房城乡建设等主管部门依照前款规定予以处罚。"

9.1.3　道路运输扬尘防治相关规定

（1）《中华人民共和国大气污染防治法》（2016年1月1日起施行）第70条："第一款：运输煤炭、垃圾、渣土、砂石、土方、灰浆等散装、流体物料的车辆应当采取密闭或者其他措施防止物料遗撒造成扬尘污染，并按照规定路线行驶。

第二款：装卸物料应当采取密闭或者喷淋等方式防治扬尘污染。

第三款：城市人民政府应当加强道路、广场、停车场和其他公共场所的清扫保洁管理，推行清洁动力机械化清扫等低尘作业方式，防治扬尘污染。

违反本法规定，运输煤炭、垃圾、渣土、砂石、土方、灰浆等散装、流体物料的车辆，未采取密闭或者其他措施防止物料遗撒的，由县级以上地方人民政府确定的督促管理部门责令改正，处二千元以上二万元以下的罚款；拒不改正的，车辆不得上道路行驶。"

（2）《中华人民共和国道路运输条例》（国务院令第406号）第27条："货运经营者应当采取必要措施，防止货物脱落、扬撒等。"

（3）《中华人民共和国道路运输条例》第69条："违反本条例的规定，客运经营者、货运经营者有下列情形之一的，由县级以上道路运输管理机构责令改正，处1000元以上3000元以下的罚款；情节严重的，由原许可机关吊销道路运输经营许可证：（五）没有采取必要措施防止货物脱落、扬撒等的。"

（4）《中华人民共和国道路交通安全法》第48条："机动车载物应当符合核定

的载质量，严禁超载；载物的长、宽、高不得违反装载要求，不得遗洒、飘散载运物。"

（5）《中华人民共和国道路交通安全法》第92条："第二款：货运机动车超过核定载质量的，处200元以上500元以下罚款；超过核定载质量30%或者违反规定载客的，处500元以上2000元以下罚款。

货运机动车超过核定载质量的，处200元以上500元以下罚款；超过核定载质量30%或者违反规定载客的，处500元以上2000元以下罚款。

有前两款行为的，由公安机关交通管理部门扣留机动车至违法状态消除。

运输单位的车辆有本条第一款、第二款规定的情形，经处罚不改的，对直接负责的主管人员处2000元以上5000元以下罚款。"

（6）《中华人民共和国大气污染防治法》（2016年1月1日起施行）第71条："市政河道以及河道沿线、公共用地的裸露地面以及其他城镇裸露地面，有关部门应当按照规划组织实施绿化或者透水铺装。"

9.1.4 物料堆存扬尘防治相关规定

（1）《中华人民共和国大气污染防治法》（2016年1月1日起施行）第72条："贮存煤炭、煤矸石、煤渣、煤灰、水泥、石灰、石膏、沙土等易产生扬尘的物料应当密闭；不能密闭的，应当设置不低于堆放物高度的严密围挡，并采取有效覆盖措施防治扬尘污染。

码头、矿山、填埋场和消纳场应当实施分区作业，并采取有效措施防治扬尘污染。"

（2）《中华人民共和国大气污染防治法》（2016年1月1日起施行）第117条："违反本法规定，有下列行为之一的，由县级以上人民政府环境保护等主管部门按照职责责令改正，处一万元以上十万元以下的罚款；拒不改正的，责令停工整治或者停业整治：

1）未密闭煤炭、煤矸石、煤渣、煤灰、水泥、石灰、石膏、沙土等易产生扬尘的物料的；

2）对不能密闭的易产生扬尘的物料，未设置不低于堆放物高度的严密围挡，或者未采取有效覆盖措施防治扬尘污染的；

3）装卸物料未采取密闭或者喷淋等方式控制扬尘排放的；

4）码头、矿山、填埋场和消纳场未采取有效措施防治扬尘污染的。"

（3）《中华人民共和国固体废物污染环境防治法》第46条："工程施工单位应当及时清运工程施工过程中产生的固体废物，并按照环境卫生行政主管部门的规定进行利用或者处置。"

（4）《中华人民共和国固体废物污染环境防治法》第111条："违反本法规定，有下列行为之一，由县级以上地方人民政府环境卫生主管部门责令改正，处以罚款，没收违法所得：

（一）随意倾倒、抛撒、堆放或者焚烧生活垃圾的；

（二）擅自关闭、闲置或者拆除生活垃圾处理设施、场所的；

（三）工程施工单位未编制建筑垃圾处理方案报备案，或者未及时清运施工过程中产生的固体废物的；

（四）工程施工单位擅自倾倒、抛撒或者堆放工程施工过程中产生的建筑垃圾，或者未按照规定对施工过程中产生的固体废物进行利用或者处置的；

（五）产生、收集厨余垃圾的单位和其他生产经营者未将厨余垃圾交由具备相应资质条件的单位进行无害化处理的；

（六）畜禽养殖场、养殖小区利用未经无害化处理的厨余垃圾饲喂畜禽的；

（七）在运输过程中沿途丢弃、遗撒生活垃圾的。

单位有前款第一项、第七项行为之一，处五万元以上五十万元以下的罚款；单位有前款第二项、第三项、第四项、第五项、第六项行为之一，处十万元以上一百万元以下的罚款；个人有前款第一项、第五项、第七项行为之一，处一百元以上五百元以下的罚款。

违反本法规定，未在指定的地点分类投放生活垃圾的，由县级以上地方人民政府环境卫生主管部门责令改正；情节严重的，对单位处五万元以上五十万元以下的罚款，对个人依法处以罚款。"

9.2 建设工程施工单位扬尘治理专项方案的审查

扬尘治理专项方案的审查要点

（1）审查施工单位扬尘治理专项方案是否符合工程建设强制性标准；

（2）审查施工单位扬尘治理专项方案是否符合国家、工程所在地省、市有关法律法规及相关文件规定；

（3）审查施工单位扬尘治理专项方案是否具备可行性、可操作性；

（4）审查施工单位扬尘治理管理制度及保证体系是否健全。

9.3 施工单位扬尘治理管理制度及保证体系的建立和落实

9.3.1 扬尘治理管理制度及保证体系的建立

（1）施工单位要结合项目实际，制定符合要求的、可行的、有效的扬尘治理管理制度；

（2）施工单位要根据项目实际情况及项目的特殊性，有针对性的建立扬尘治理保证体系；

（3）扬尘治理管理制度及保证体系的建立为切实做好扬尘治理工作，以科学管理、技术指导、落实措施为指导核心，由项目经理为第一责任人、项目执行经理及技术负责人为第二责任人，推进项目管理落实专职扬尘治理专员管理制度，并督促项目作业班组实施扬尘污染治理管理制度及保证体系。

9.3.2 扬尘治理管理制度及保证体系落实

（1）项目经理负责组织项目经理部关于扬尘污染防治法律法规的学习，组织宣传扬尘污染防治知识，不断提高全体员工的环保意识和文明素质水平；

（2）项目经理负责组织制定和实施扬尘污染防治方案，向各部门下达扬尘污染防治任务，对各项防尘污染防治任务完成情况负责；

（3）项目经理负责组织项目经理部执行扬尘防治方案工作的检查，根据检查情况做好专项整治工作，发现问题，落实实施，不断巩固，提高本单位扬尘污染防治工作水平；

（4）采用先进技术，不断提高扬尘污染防治的技术水平，提高扬尘污染控制效率；

（5）扬尘污染专项管理员具体负责施工现场扬尘污染的具体管理工作。直接对项目经理负责，督促各项工作落实情况，协调总包单位和分包单位的扬尘污染防治工作；

（6）扬尘污染专项管理员结合本项目的具体情况，提出扬尘污染防治的建议，并组织落实；

（7）各班组长要经常向班组人员宣传扬尘污染防治知识，提高组员的环境保护意识和文明素质水平；

（8）各班组长根据本工程的特点，做好各工序扬尘污染防治衔接工作。

9.4 施工单位扬尘治理教育培训制度的建立与落实

建立教育培训制度为有效地防治城市扬尘污染，改善城市环境空气质量，保障人民群众正常生产、生活秩序和身体健康，在保证工程质量、安全等基本要求的前提下，通过科学管理和技术进步，最大限度地预防工程施工对环境的污染，通过采取相关措施减少降低施工活动对环境的影响。

9.4.1 培训内容

（1）现场进出口处，设置自动洗车机，要求所有车辆不得带泥出入；

（2）施工中易造成扬尘污染的物料堆应当采取遮盖、洒水、喷洒覆盖等防尘措施；

（3）施工过程中产生的建筑垃圾、渣土应当及时清运。清运时，要适量洒水控制扬尘；不能及时清运的，应当在施工场地内采取临时性密闭堆放、经常性地洒水湿化等有效防尘和防遗洒措施；拆除外脚手架板应当采取洒水等防尘措施；

（4）严禁随意凌空抛撒物料、建筑垃圾、渣土等造成扬尘；

（5）外脚手架应使用密目式安全立网全封闭，并确保整洁、牢固；

（6）在进行平整场地等施工作业时，应当采取边施工边洒水等防止扬尘污染的作业方式（湿法作业）；

（7）水泥、石灰和其他易飞扬的细颗粒散体材料应集中堆放，并严密覆盖，运输和卸运时防止遗洒飞扬，以减少扬尘；

（8）生石灰消解及其他拌和灰土施工要配合洒水车洒水、杜绝扬尘；

（9）现场应配有专用洒水设备，在易产生扬尘的季节，应由专人负责对现场各自区域洒水降尘；

（10）施工现场必须使用有资质的商品混凝土站生产的商品混凝土和砂浆，严禁在施工现场进行混凝土、砂浆的搅拌作业。如需现场搅拌必须做好防尘措施；

（11）现场直接裸露土体表面和集中堆放的土方应采用临时绿化、定期洒水或防尘网遮盖等抑尘措施，防止扬尘污染；

（12）严禁在施工现场焚烧垃圾；

（13）风力在5级以上或重度污染天气，应当停止土石方开挖作业，及其他易产生扬尘污染的施工作业，并对施工现场采取洒水等防尘措施。现场设备设施应有节能和降耗措施，施工材料要分类码放整齐，采取材料节约、再利用措施，减少资源消耗。

9.4.2 培训要求

（1）对所有进场人员进行扬尘污染防治教育培训，时长不少1h；

（2）定期不定期进行绿色施工宣传教育，每季度不少于1次；

（3）组织防尘管理小组成员每季度召开施工扬尘防治专题会，每季度不少于1次；

（4）现场采用新材料、新工艺、新技术、新设备时，组织作业人员进行相关教育。

9.5 施工单位扬尘防治措施的督促检查

9.5.1 检查制度

施工现场扬尘污染防治检查制度由项目经理牵头每周组织扬尘治理专员及卫生管理员对项目扬尘污染防治工作进行检查；项目部设防尘设备由安全员兼任防尘管理员，每日对现场扬尘污染防治情况进行巡视检查，发现问题及时整改、消除。

9.5.2 检查内容

（1）扬尘治理相关制度和责任制建立落实情况；

（2）施工现场出入口道路必须采取混凝土硬化并配备车辆冲洗设施；

（3）施工现场内道路、加工区、办公区、生活区必须采用混凝土硬化，其他区域平整后使用碎石覆盖；

（4）施工现场必须实行围挡封闭。市区主要路段施工现场围挡高度不低于2.5m，一般路段施工现场围挡高度不得低于1.8m；

（5）合理设置排水系统和沉淀池，保持排水通畅；

（6）施工现场是否设置洒水降尘设施，安排专人定时洒水降尘，保持路面清洁湿润；

（7）施工现场土方及砂石等散体材料是否集中堆放、严密覆盖、固定牢靠，其他裸露的地面必须采取覆盖或绿化措施；

（8）施工现场是否成立扬尘治理管理机构；

（9）施工现场是否明确扬尘治理的人员和责任；

（10）施工现场是否制定扬尘治理专项方案；

（11）建筑垃圾是否集中、分类堆放，严密遮盖，及时清运。生活垃圾是否采用封闭式容器存放，日产日清；

（12）施工现场是否有焚烧沥青、油毡、橡胶、塑料、皮革、垃圾以及其他产生有毒有害烟尘和恶臭气体的物质的现象；

（13）施工现场内是否有现场搅拌混凝土和砂浆的现场；

（14）遇有四级以上大风，天气预报或当地政府主管部门发布大气污染预警时，不得进行土方、拆除等易产生扬尘的作业；

（15）施工企业必须在施工现场安全视频监控系统，对施工扬尘实施监控；

（16）是否落实公示牌制度，明确施工现场扬尘治理的建设单位、施工和监理企业及主要责任人。

9.6 扬尘防治工作台账建立、督促与审查

根据《住房和城乡建设部办公厅关于建筑工地施工扬尘专项治理工作方案的通知》（建办督函〔2017〕169号），按照"预防为主，综合治理"原则，根据职责分工，结合当地实际，采取切实有效措施，完善督促管理机制，做好施工扬尘治理工作。

9.6.1 各方主体主要责任

（1）建设单位的主要责任。建设单位对施工扬尘治理负总责，应当将施工扬尘治理的费用列入工程概算，在工程承包合同中明确相关内容，并及时足额支付；

（2）施工单位的主要责任。施工单位应当建立施工扬尘治理责任制，针对工程项目特点制定具体的施工扬尘治理实施方案，并严格实施。施工单位应当在建筑工地公示施工扬尘治理措施、责任人、主管部门等信息，并及时向当地主管部门报送施工扬尘治理措施落实情况；

（3）渣土运输单位的主要责任。渣土运输单位应当建立工程渣土（建筑垃圾）运输扬尘污染防治管理制度和相关措施，使用合规车辆，加强对渣土运输车辆、人员管理。

9.6.2 施工现场扬尘治理措施

（1）施工场地。施工单位应当在建筑工地设置围挡，并采取覆盖、分段作业、择时施工、洒水抑尘、冲洗地面和车辆等有效防尘降尘措施。施工现场的主要道路要进行硬化处理。裸露的场地和堆放的土方应采取覆盖、固化或绿化等防尘措施。施工现场出口处应设置车辆冲洗设施，对驶出的车辆进行清洗；

（2）施工废弃物。建筑土方、建筑垃圾应当及时清运；在场地内堆存的，应当采用密闭式防尘网遮盖。建筑物内垃圾应采用容器或搭设专用封闭式垃圾道的方式清运，严禁凌空抛掷。施工现场严禁焚烧各类废弃物。土方和建筑垃圾的运输必须采用封闭式运输车辆或采取覆盖措施；

（3）施工物料。在规定区域内的施工现场应使用预拌制混凝土及预拌砂浆。采用现场搅拌混凝土或砂浆的场所应采取封闭、降尘、降噪措施。水泥和其他易飞扬的细颗粒建筑材料应密闭存放或采取覆盖等措施；

（4）建筑物或者构筑物拆除。拆除建筑物或者构筑物时，应采用隔离、洒水等降噪、降尘措施，并及时清理废弃物；

（5）市政道路施工。当市政道路施工进行铣刨、切割等作业时，应采取有效的防扬尘措施。灰土和无机料应采用预拌进场，碾压过程中应洒水降尘；

（6）空置建设用地。暂时不能开工的建设用地，建设单位应当对裸露地面进行覆盖；超过3个月的，应当进行绿化、铺装或者遮盖。

9.6.3 扬尘防治工作台账建立、督促、审查

为了更好地督促施工单位落实做好扬尘防治措施，要督促施工单位根据本地实际情况制定扬尘防治专项施工方案及应急预案，根据不同预警级别落实相应扬尘控制措施，建立工作台账，努力做到分工明确，责任到人，可量化、可考核、可追责。结合实际工作情况，扬尘治理主要的工作台账如下：

（1）车辆进出、冲洗台账；

（2）扬尘防治洒水台账；

（3）脚手架垃圾清理台账；

（4）沉淀池、排水沟清理台账；

（5）废弃物清理台账；

（6）木工区废料清理台账；

（7）楼层建筑垃圾清理台账；

（8）扬尘防治工作台账。

9.7 扬尘治理检查与验收

根据《建筑工程施工质量验收统一标准》GB 50300—2013中验收是指建筑工程质量在施工单位自行检查合格的基础上，由工程质量验收责任方组织，工程建设相关单位参加，对检验批、分项、分部、单位工程及其隐蔽工程的质量进行

抽样检验，对技术文件进行审核，并根据设计文件和相关标准以书面形式对工程质量是否达到合格做出确认。

由于扬尘治理工作无针对性的规范，根据建筑工程监理程序及相关常规做法，扬尘治理现场检查与验收必须结合国家、省、市相关标准、规程及施工单位结合项目实际情况编制的《扬尘防治专项方案》及《扬尘防治验收方案》进行。

9.7.1 验收依据

（1）《住房和城乡建设部办公厅关于印发建筑工地施工扬尘专项治理工作方案的通知》（建办督函〔2017〕169号）；

（2）《城市建筑垃圾管理规定》；

（3）《建筑施工现场环境与卫生标准》JGJ 146—2013；

（4）《防治城市扬尘污染技术规范》HJ/T 393—2007；

（5）《××省扬尘污染防治标准或办法》；

（6）本工程施工合同。

9.7.2 验收内容

（1）施工现场100%按标准要求设置封闭围挡，确保围挡严密、坚固、美观，高度符合标准要求；

（2）施工现场道路路面100%进行硬化，及时进行道路洒水降尘及清扫；

（3）工地出入口100%安装车辆冲洒装置，出工地车辆车轮车身100%冲洒干净，确保不得带泥上路；

（4）工程拆除及土方开挖、垃圾装卸实施100%洒水降尘；

（5）施工现场的土方、建筑垃圾及石灰、水泥、沙土等其他散碎性材料100%覆盖；

（6）委托清运施工现场渣土（含泥浆）及建筑垃圾车辆100%为封闭（密闭）式合法正规车辆，确保不沿路洒漏；

（7）施工现场扬尘污染点、污染指数监控率及出入口出场车辆冲洗监控率100%。

9.7.3 验收程序

（1）验收组长介绍验收组成单位及人员。

（2）参建各方介绍施工过程扬尘治理控制行为履行情况。

（3）施工单位简介工程情况，施工过程中的扬尘治理控制情况；

1）施工现场已按标准要求设置封闭围挡；

2）施工现场施工道路已按要求进行百分百硬化，并安排专职人员定时对道路进行清扫、洒水；

3）工地的入口已按要求设置汽车冲洗设施，对进出的车辆进行车轮和车身冲洗，保证不粘带泥土上路；

4）土方的开挖、垃圾装卸前已按要求进行洒水压尘，确保施工过程中不扬尘；

5）施工现场的土方、建筑垃圾及沙土、水泥、石灰等其他散碎性材料已采用防尘网进行覆盖，覆盖率100%，保证覆盖严密；

6）施工现场的渣土及垃圾的外运，已委托正规公司负责清运。所用车辆均为密封（密闭）式，确保不沿路洒落；

7）施工现场四周围挡和塔吊已按要求，装置喷淋雾洒设备。根据现场扬尘检测数据不定时开启，控制现场扬尘；

8）自检情况：自评结论。

（4）监理单位简介项目监理部的组成及现场监理人员的安排；现场监理控制措施：巡视、通知、指令等措施，复检情况、整改履行情况、评价结论。

（5）建设单位对上述各家责任主体单位质量行为的确认，给出的结论是否认同。

（6）各验收人员按分工和检查方案对工程现场扬尘治理工作进行评定，检查时应按表列要求做好记录，并按记录做出结论，各成员在检查表上签字确认。

（7）各验收人员通报验收检查结论。

（8）验收组长综合验收小组意见及参建各方意见，对该工程现场扬尘治理作出评定。

（9）各单位在验收记录单上签认。

（10）由组长指定专人完成验收会议纪要，并由各单位签认。

（11）验收结束。

9.8 扬尘治理相关资料的收集、归档

监理资料是监理单位项目管理工作的具体体现，是规避监理风险的有力手段。无论是施工质量和安全，还是扬尘治理和文明施工，及时收集并归档日常监理资料是监理部的重要职责之一。

结合项目实际情况并根据近几年扬尘治理实际工作经验，扬尘治理工作监理单位需要收集、归档的资料主要如下：

（1）扬尘治理专项方案；

（2）扬尘治理验收方案；

（3）扬尘治理监理细则；

（4）监理通知单；

（5）监理联系单；

（6）扬尘治理专项会议纪要；

（7）监理日记、巡查记录、收发文台账；

（8）扬尘治理检查表；

（9）开复工验收记录。

第10章　双重预防体系的监理工作

　　构建安全生产风险隐患双重预防体系是加强和改进建设工程安全生产工作的重要部署，是落实企业主体责任、夯实安全基础、提升安全管理水平的一项治本之策。现场监理人员应认真学习房屋建筑和市政工程施工安全风险隐患双重预防体系建设内容，工程监理单位应依据法律、法规以及相关标准对施工安全生产工作承担监理责任。施工单位通过建立安全生产责任制，制定安全管理制度和操作规程，排查治理隐患和监控重大危险源，使企业各活动符合安全相关法律法规和标准规范的要求，人、机、物、环处于良好的生产状态，推进企业安全生产规范化建设。从而促进建筑施工安全生产风险隐患双重预防体系建设工作水平全面提升，有效防范建筑施工生产安全事故发生。

10.1　双重预防体系基本概念

10.1.1　两个安全体系

　　安全生产风险分级管控体系、生产安全事故隐患排查治理体系作为安全系统管理的两个核心环节，在职业健康安全管理体系、安全生产标准化建设中均有明确要求，并作为基础关键环节存在。其核心理念也是运用PDCA模式与过程方法，系统的进行风险点识别、风险评估与管控措施的确定，并对各个过程制定规则、原则，进行过程控制并做到持续改进。

10.1.2　构建双重预防体系的作用

　　构建风险分级管控与隐患排查治理体系，目的是要实现事故的双重预防性工作机制，是"基于风险"的过程安全管理理念的具体实践，是实现事故"纵深防御"和"关口前移"的有效手段。前者需要在政府引导下由企业落实主体责任，后者需要在企业落实主体责任的基础上督导、监管和执法。二者是上下承接关系，前者是源头，是预防事故的第一道防线，后者是预防事故的末端治理。构建两个体系解决安全生产的长效机制，能够有效破解当前安全生产工作的诸多瓶颈。双重预防体系的构建并不是给企业目前安全管理增加麻烦，更不是"两张皮"。对于扎实开展职业健康安全管理体系和安全生产标准化的企业，通过双重预防体系建设将会使目前安全管理体系更加系统和深化，从根本上实现事故的纵深防御和关口前移。

10.1.3 双重预防体系建设流程

双重预防体系建设流程如图10-1所示。

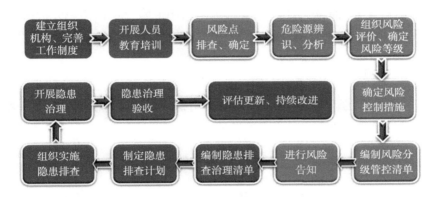

图10-1 双重预防体系建设流程图

10.1.4 风险

生产安全事故或健康损害事件发生的可能性和严重性的组合。

$$风险＝可能性 \times 严重性（R=L \times S）$$

R：危险性（也称风险度）：事故发生的可能性与事件后果的结合；R越大危险性越大；L：事故发生的可能性；S：事故后果严重性。

10.1.5 风险点

风险伴随的设施、部位、场所和区域，以及在设施、部位、场所和区域实施中存在风险的作业活动，或以上两者的组合。

风险点划分原则：大小适中、便于分类、功能独立、易于管理、范围清晰；作业活动应覆盖生产经营全过程所有常规和非常规作业，重点考虑高风险作业。

10.1.6 危险源

可能导致人身伤害和（或）健康损害和（或）财产损失的根源、状态或行为，或它们的组合。分为人的因素、物的因素、环境因素和管理因素四类。

10.1.7 危险源辨识

识别危险源并确定其特性和分布的过程。

辨识对象：潜在的人的不安全行为、物的不安全状态、环境缺陷和管理缺陷危害因素。辨识方法：设备设施采用安全检查表法（简称：SCL）；作业活动采用工作危害分析法（简称：JHA）；复杂工艺采用危险与可操作性分析法（简称：HAZOP）。

10.1.8 风险评价

对危险源导致的风险进行分析、评估、分级，对现有控制措施的充分性加以考虑，以及对风险是否可接受予以确定的过程。

10.1.9 风险分级

通过科学、合理方法对危险源所伴随的风险进行定性或定量评价，根据评价结果划分等级。风险等级分5级：A、B、C、D、E（1、2、3、4、5）级，极其危险、高度危险、显著危险、轻度危险、稍有危险。

10.1.10 风险分级管控

按照风险不同级别、所需管控资源、管控能力、管控措施复杂及难易程度等因素而确定不同管控层级的风险管控方式。管控级别分4级：重大风险、较大风险、一般风险和低风险，分别用"红、橙、黄、蓝"四种颜色标示，实施分级管控。

10.1.11 风险控制措施

企业为将风险降低至可接受程度，针对该风险而采取的相应控制方法和手段。共包括几类措施：工程技术措施、管理措施、培训教育、个体防护、应急处置。

10.1.12 事故隐患

违反安全生产、职业卫生法律、法规、规章、标准、规程和管理制度的规定，或者因其他因素在生产经营活动中存在可能导致事故发生或导致事故后果扩大的物的危险状态、人的不安全行为和管理上的缺陷。

10.1.13 隐患分级

分为一般隐患和重大隐患。一般隐患：危害和整改难度较小，发现后能够立即整改排除的隐患。重大隐患：危害和整改难度较大，无法立即整改排除，需要全部或者局部停产停业，并经过一定时间整改治理方能排除的隐患，或者因外部因素影响致使生产经营单位自身难以排除的隐患。隐患分类：基础管理类隐患和生产现场类隐患。

10.1.14 双重预防体系工作内容及要求

双重预防体系工作内容及要求如表10-1所示。

双重预防体系工作内容及要求   表10-1

工作内容	工作要求
双重预防组织建设	成立企业双重预防体系领导小组与工作机构和在建工程项目部双重预防体系工作小组，并以正式文件发布
	制定企业和项目部双重预防体系建设实施方案
	建立双重预防体系全员责任制，并以正式文件发布
	制定双重预防相关管理制度，至少包括： （1）安全风险分级管控制度； （2）隐患排查治理制度； （3）双重预防体系教育培训制度； （4）双重预防体系运行管理制度包括奖惩制度等
	建立双重预防体系建设、运行和改进经费保障机制
教育培训	组织开展双重预防专题教育培训
风险辨识与评价	研究制定本企业风险辨识和评价的具体办法（包括拟采取的危险源辨识方法、评价方法以及确定风险等级风险值数值范围等）
	组织开展所施工的在建工程项目风险点排查和确认（包括动态和静态风险），制定各工程项目《风险清单》
	组织开展各项目风险评价，形成《风险评价记录表》
	研究制定各项目风险控制措施并组织进行有效性评审
	确定各项目风险管控层级，落实责任人员，制定《风险分级管控清单》
	对重大风险进行分类汇总，登记造册，制定《重大风险管控统计表》
现场风险告知	绘制施工现场安全风险四色分布图，并设置在施工现场醒目位置，向作业人员和外来人员公示施工现场安全风险分布情况

工作内容	工作要求
现场风险告知	绘制工程项目作业安全风险比较图，并在施工现场醒目位置或作业区域等向作业人员进行公告
	制定《岗位安全风险告知卡》，向在建工程项目作业人员告知
	在施工现场有重大安全风险的作业场所、施工部位和有关设备、设施的醒目位置设置重大安全风险公告栏
	按规定在施工现场存在安全风险的场所和危险部位，设置明显的安全警示标志
隐患排查治理	制定各在建项目《隐患排查清单》(包括基础管理类和生产现场类)
	制定隐患排查计划，明确隐患排查的排查时间、排查目的、排查要求、排查范围、组织级别及排查人员等
	按照排查计划，进行在建工程项目隐患排查
	按要求开展隐患治理，其中重大隐患应制定重大事故隐患治理方案，并向主管部门报告
	建立隐患治理工作台账
试点工作总结	组织开展一次企业双重预防体系建设与运行情况检查、评估，及时修正发现的问题和偏差，完善安全风险管控制度和隐患治理措施，形成试点工作总结
	组织开展一次双重预防责任制考核
	收集整理相关工作档案
	初步完成企业双重预防信息平台建设

10.2 双重预防体系建设的监理工作

10.2.1 督促施工单位建立项目双重预防体系建设组织机构

项目经理担任双重预防体系建设主要领导职务，项目双重预防体系组织机构组成人员应至少包括项目经理、生产负责人、安全负责人、技术负责人以及安全、质量、技术、设备、物资管理人员以及分包单位项目负责人。

10.2.2 审查施工单位制定的项目双重预防体系建设实施方案具体内容

项目实施方案应包括工作目标、责任部门、实施内容、责任人与分工、保障措施、工作进度和工作要求等相关内容，要求施工单位项目实施方案以项目部文件形式发布。

10.2.3 督促施工单位建立健全项目部双重预防体系全员责任制

明确各级（项目部、班组）、各部门（生产、技术、质量、安全等）、各岗位人员（管理人员、作业人员）双重预防体系建设和运行的工作职责。审查施工单

建设监理从业人员必读

位制定的各级、各部门、各岗位人员职责是否结合项目实际，是否符合有关法律、法规、规章等要求。施工单位双重预防体系建设岗位职责根据项目实际可在项目原有安全生产责任制的基础上进行补充、完善或重新制定。

10.2.4 督促施工单位建立健全相关安全技术操作规程

督促施工单位建立健全相关工种、设备设施和机具等安全技术操作规程，要求施工单位将各类操作规程采用图牌、二维码等形式张挂在施工现场相应作业岗位的醒目位置。

10.2.5 督促施工单位项目部结合项目建立健全双重预防体系建设工作制度

督促施工单位依据本单位工作制度制定和细化相关管理制度，有关工作制度至少包括安全风险分级管控制度、隐患排查治理制度、双重预防体系教育培训制度和双重预防体系建设考核奖惩制度。

10.2.6 督促施工单位双重预防体系教育培训

督促施工单位双重预防体系教育培训应做到全员参与，分层次、分阶段进行，并与企业日常开展的三级安全教育培训、年度安全继续教育培训、安全生产责任制教育培训、"四新"安全教育培训、事故警示教育培训、应急救援知识培训等有机结合起来。

10.2.7 督促施工单位对进入施工现场的外来人员进行风险告知

告知内容包括：安全管理规定、作业安全要求、可能接触的风险、应急知识等。

10.2.8 审查施工单位安全教育

审查施工单位安全教育内容，包括培训计划、培训记录、培训考试和培训效果评价等内容。

10.2.9 审查施工单位项目双重预防体系教育培训计划

包括培训学时、培训内容、参加人员、评估方式、相关奖惩等。要求项目部建立培训记录，培训记录包含签到表、教材或课件、培训效果评价、授课人等相关记录。

10.2.10 督促施工单位项目双重预防体系教育培训结果考核

督促施工单位适时组织培训人员进行闭卷考试，不同岗位人员进行有针对性的考试（如管理人员、电工、焊工、架子工、塔式起重机司机等），并要求施工单位对每次教育培训效果进行评价，根据评价效果对培训人员进行奖惩。

10.2.11 督促施工单位应结合项目实际进行安全教育培训

施工单位应结合项目实际情况，利用VR虚拟体验馆、安全体验区、班前安全会、多媒体安全培训工具箱等方式开展形式多样的安全教育培训。

10.3 风险分级管控的监理工作

10.3.1 督促施工单位做好风险识别

施工单位对项目施工全过程进行风险点确认、危险源辨识与分析、风险评价、风险控制措施制定、风险分级管控、风险告知等，并履行有关评审、审定发布、更新等程序，确认参与风险分级管控的人员应包括具有较强专业能力及现场经验的专业技术人员和具有丰富实践经验的班组长及一线作业人员。

10.3.2 督促施工单位对风险点排查

督促施工单位对风险点排查，要求施工单位项目技术负责人组织有关施工、技术、安全、质量、材料等专业和岗位人员（包括分包单位相关人员），按照所承建工程施工工艺流程，从不同的施工阶段、施工场所、设备设施、作业活动等方面进行排查，排查工程项目施工过程中所有分部分项工程（特别是危险性较大的分部分项工程）以及工程周边环境可能导致事故风险的作业活动风险点和设备设施风险点。

10.3.3 督促施工单位认真对待危险源辨识与分析

特别是作业活动类各风险点的危险有害因素和设备设施类各风险点安全标准要求的符合性辨识，以及由此产生后果的分析。

10.3.4 督促施工单位对风险点标识

针对确认的风险点逐一进行风险辨识，并根据风险等级分别采用红、橙、黄、蓝四种颜色标示。

10.3.5 督促施工单位进行风险评价

监理单位应督促施工单位要对已辨识分析的所有风险点中的危险源逐项进行风险评价，并将评价结果予以记录。

10.3.6 督促施工单位制定管控措施

监理单位应督促施工单位有关专业技术和岗位人员对各级风险制定针对性的管控措施，主要包括工程技术措施、制度管理措施、培训教育措施、个体防护措施、应急处置措施。以上管控措施可单独使用也可联合使用。

10.3.7 风险控制措施

对于较大和重大风险应尽可能采取较高级别的风险控制措施，督促施工单位由公司级技术负责人组织相关部门制定和评审，并形成记录；对于一般风险和低风险可督促施工单位由项目技术负责人组织相关部门、班组、作业人员制定和评审，并形成记录。

10.3.8 分级管控

监理单位应督促施工单位根据风险等级实施差异化管理，实行分级管控。重大风险由施工单位企业/分支单位负责管控，较大风险应由项目部负责管控，一般风险应由施工班组负责管控，低风险应由作业人员负责管控。风险管控层级可以根据施工单位管理情况进行合并或提级。

10.3.9 风险管控原则

督促施工单位必须遵守分级管控，并遵循"风险等级越高，管控层级越高""上级负责管控的风险，下一级必须同时负责管控"的原则。

10.3.10 风险分级管控清单

检查施工单位项目部风险分级管控清单，包含《作业活动风险分级管控》和《设备设施风险分级管控清单》。

10.3.11 确定风险责任人

督促施工单位项目技术负责人根据风险等级的划分确认责任人。

10.3.12 重大风险监控

检查施工单位对重大风险的分类汇总，并要求施工单位对其进行重点监控，施工单位对重大风险存在的作业场所或作业活动、采取的管控措施、责任层级及责任人等要进行说明。

10.3.13 管控资料归档

审查施工单位重大风险管控资料，并要求施工单位单独建档管理。

10.3.14 施工现场安全风险四色标识

检查施工现场安全风险四色布图，分别为红、橙、黄、蓝四种颜色。

10.3.15 核查风险标识结果

核查作业场所、生产设施等区域存在的不同等级风险在总平面布置图或地理坐标图中的标示，并核查其是否与施工单位从业人员或外来人员公示的项目风险分布情况，风险点的标注情况与风险评价结果一致。

施工现场安全风险四色分布图应至少包含以下内容：

（1）施工现场所涉及的所有作业场所、生产设施等区域；

（2）对于房屋建筑工程，可分别绘制基础施工阶段、主体施工阶段和装饰装修阶段三个阶段的区域安全风险四色分布图；

（3）涉及重大风险点的，应标注其风险点名称和具体参数；

（4）安全风险四色分布图上应至少标注本施工阶段较大和重大风险点的数量。

10.3.16 检查安全风险四色公示情况

检查施工单位设置的安全风险四色分布图是否采用图牌的方式设置在施工现场主要出入口处的醒目位置。

督促施工单位依据风险评价结果采取柱状图、饼状图或曲线图等统计方法将难以在平面布置图、地理坐标图中标示风险等级的作业活动、生产工序、关键任务等按照风险等级从高到低的顺序标示出来，并采用图牌的方式在施工现场醒目位置进行公示。

10.3.17 审查《岗位安全风险告知卡》

审查施工单位制作的《岗位安全风险告知卡》，告知卡内容包括岗位安全风险管控应知应会及岗位事故应急处置相关内容。

10.3.18 核查风险实时状态公式情况

检查施工单位在施工现场显著位置设置的重大安全风险公告栏，逐一核对公告栏中包括本项目所有重大风险的危险源名称、风险等级、危险有害因素、后果、风险管控措施、应急措施、应急电话等信息，并核查重大风险的实时状态（"已完""未完""待施"）。

10.3.19 风险告知牌悬挂要与风险点匹配

检查施工单位是否把安全风险告知牌悬挂在风险点或风险区域相对应的显著位置，风险告知牌是否采用风险点（区）的形式，内容是否包括风险点名称和管控责任人等。

10.3.20 危大工程验收公示

危大工程验收合格后，检查施工单位是否在施工现场明显位置设置验收标识牌，公示验收时间及责任人员。

10.4 隐患排查治理的监理工作

10.4.1 排查清单核查

核查施工单位制定的项目《作业活动隐患排查清单》和《设备设施隐患排查清单》。并审核"清单"是否依据风险管控级别按照"谁管控，谁检查"的原则，实施分级隐患排查。隐患排查一般分为企业（分支单位）、项目、班组和作业人员三级，核查施工单位是否分别建立相应层级的清单。

10.4.2 督促施工单位做好分等级检查工作

督促施工单位公司级检查是否涵盖所有重大风险，是否对较大及以下风险应进行抽查；项目级检查是否涵盖较大及以上风险，是否对一般及以下风险应进行抽查；班组和作业人员级检查是否涵盖所有风险。

10.4.3 检查分包单位风险管控

检查施工单位项目危大工程施工的专业分包单位，是否在本单位所在施工部分《作业活动风险分级管控清单》和《设备设施风险分级管控清单》的基础上，单独制定《作业活动隐患排查清单》和《设备设施隐患排查清单》。

10.4.4 隐患排查过程跟踪

审查施工单位项目部结合自身实际制定相应的隐患排查治理计划。认真核查隐患排查治理计划是否包括排查类型、排查时间（频次）、排查要求、排查范围、组织级别及排查人员等。督促施工单位按照隐患排查计划，结合安全工作需要，组织各级别的隐患排查。参加施工单位的隐患排查，核查施工单位填写的《隐患排查记录表》。隐患排查结束后，检查施工单位确定每一项隐患的等级（一般隐患或重大隐患），督促施工单位将隐患名称、存在位置、不符合状况、隐患等级、治理期限、治理措施和应急处置方案等信息通过召开会议、图片讲解、现场公示等形式，向从业人员进行通报。

10.4.5 排查结果整改情况

督促施工单位必须在隐患排查中发现的隐患向隐患存在单位下发隐患整改通知书，并要求施工单位对隐患整改责任单位、措施建议、完成期限等提出具体要求。督促隐患存在单位在实施隐患治理前，组织相关人员对隐患存在的原因进行分析，制定科学的治理方案和有效的治理措施，并组织人员进行治理。监理单位应参加施工单位项目部在接到隐患整改反馈单后，对隐患整改效果进行验收，审查施工单位在隐患整改反馈单上签署复查意见，未消除的隐患必须继续整改。

10.4.6 重大事故隐患评估

监理单位应督促施工单位对重大事故隐患组织评估，并编写重大隐患评估报告书。评估报告书主要内容应包括：

（1）隐患的类别；

（2）影响范围；

（3）风险程度；

（4）对隐患的监控措施、治理方式、治理期限的建议；

（5）其他内容。

10.4.7 审查安全风险治理方案

审查施工单位制定的重大事故隐患治理方案，督促施工单位向县级以上建设行政主管部门报告。

治理方案主要内容应包括：

（1）治理的目标和任务；

（2）采取的方法和措施；

（3）经费和物资的落实；

（4）负责治理的机构和人员；

（5）治理的期限和要求；

（6）安全措施和应急预案；

（7）复查工作要求和安排；

（8）其他需要明确的事项。

10.4.8 督促施工单位重大事故隐患排查、治理

督促施工单位按重大事故隐患治理方案实施治理重大事故隐患。督促施工单位组织相关技术人员和专家对政府有关部门挂牌督办或者责令停工治理的重大事故隐患进行评估。

参加施工单位组织相关部门、项目部人员、施工作业班组长对治理情况的复查验收。检查重大隐患治理达到治理效果，符合安全生产条件的，督促施工单位及时办理重大事故隐患销案手续。

10.4.9 督促施工单位及时如实归档资料

督促施工单位如实记录隐患排查、治理和验收情况，形成事故隐患排查治理信息资料，实现隐患排查、登记、评估、治理、验收、核销的闭环管理施工单位隐患排查治理档案，应当包括下列内容：

（1）事故隐患排查的时间、具体部位或者场所；

（2）发现事故隐患的数量、级别和具体情况；

（3）参加事故隐患排查的人员及其签字；

（4）风险评估记录；

（5）事故隐患治理方案；

（6）事故隐患治理情况和复查验收时间、结论、人员及其签字；

（7）事故隐患排查治理统计信息报表。

10.5 考核奖惩与持续改进的监理工作

10.5.1 督促施工单位建立健全风险管控奖惩机制

督促施工单位建立健全内部激励约束机制和绩效考核制度，并定期考核，调

动全员参与双重预防体系建设的积极性。督促施工单位安全考核奖惩信息化管理。

督促施工单位建立风险隐患双重预防体系持续改进机制，定期对双重预防体系运行情况进行系统性评估或更新，及时修正发现的问题和偏差，完善安全风险管控制度和隐患治理措施。

10.5.2 风险管控和隐患排查清单

根据以下情况变化，督促施工单位及时更新，并审查施工单位编制新的风险管控和隐患排查清单：

（1）法律法规及标准规程变化或更新；

（2）政府规范性文件提出新要求；

（3）企业组织机构和安全管理机制发生变化；

（4）施工环境、施工工艺技术发生变化；

（5）设施设备增减，使用的原辅材料变化；

（6）企业自身提出更高的安全管理要求；

（7）事故（事件）或应急预案演练结果反馈的需求；

（8）其他情形出现应当进行更新的。

10.5.3 督促施工单位建立沟通机制

督促施工单位建立不同职能和层级间的风险管控与隐患排查双重预防内外沟通机制，促使施工单位及时有效传递风险隐患和排查治理信息，从而提高风险管控治理效果和效率。

10.5.4 督促施工单位开展双重预防体系自评工作

督促组织开展双重预防体系运行情况自评工作，从而全面查找双重预防体系存在的缺陷和不足，并且形成自评报告，将自评结果对管理人员和从业人员通告。

10.5.5 双重预防体系资料存档

按照以下内容审查双重预防体系建设及运行有关记录资料，并要求施工单位把有关记录资料存档。主要资料包括：组织机构、制度建设、教育培训、风险分级管控、隐患排查治理、评估更新等方面内容。督促施工单位对较大、重大风险的评估每年应进行一次，对一般和低风险每三年评估一次，并且评估记录至少保存5年（表10-2）。

分类	归档文件名称及内容	保存单位	
		企业	项目部
组织机构	企业双重预防体系领导小组及工作机构成立文件	√	
	项目部双重预防体系工作小组成立文件		√
	企业、项目双重预防体系建设实施方案	√	√
	双重预防体系建设责任制	√	√
制度建设	安全风险分级管控制度	√	√
	隐患排查治理制度	√	√
	双重预防体系教育培训制度	√	√
	奖惩制度	√	√
	其他相关管理制度	√	√
教育培训	企业教育培训记录	√	
	项目教育培训记录		√
风险管控	作业活动风险点基础数据清单	√	
	设备设施风险点基础数据清单	√	
	作业活动风险点清单		√
	设备设施风险点清单		√
	作业活动风险分级管控基础数据清单	√	
	设备设施风险分级管控基础数据清单	√	
	作业活动风险分级管控清单		√
	设备设施风险分级管控清单		√
	重大风险管控统计表	√	√
	区域安全风险四色分布图	√	
	作业安全风险比较图	√	
	岗位安全风险明白卡	√	
隐患排查	基础管理类隐患排查清单		√
	生产现场类隐患排查清单	√	√
	隐患排查计划	√	√
	重大隐患评估报告书	√	√
	重大事故隐患治理方案	√	√
	隐患排查记录表	√	√
	隐患整改通知书	√	√
	隐患整改反馈单	√	√
更新评估	双重预防体系运行情况自评报告	√	√
	双重预防体系更新记录	√	√
	定期考核资料	√	√

第10章　双重预防体系的监理工作

221

第11章　监理文件资料整理与归档

11.1　监理文件资料的相关规定及基本要求

11.1.1　监理文件资料的相关规定

（1）根据《建设工程监理规范》GB/T 50319—2013

1）工程监理单位在履行建设工程监理合同过程中形成或获取的，以一定形式记录、保存的文件资料。

2）项目监理机构应建立完善监理文件资料管理制度，宜设专人管理监理文件资料。

3）项目监理机构应及时、准确、完整地收集、整理、编制、传递监理文件资料。

（2）根据《建设工程监理文件归档整理规范》GB/T 50328—2014

1）监理单位在工程设计、施工等监理过程中形成的文件。

2）工程文件的形成和积累应纳入工程建设管理的各个环节和有关人员的职责范围。

3）工程文件应随工程建设进度同步形成，不得事后补编。

4）工程文件的内容及其深度应符合国家现行有关工程勘察、设计、施工、监理等标准的规定。

5）工程文件的内容必须真实、准确，应与工程实际相符合。

6）工程文件应采用碳素墨水、蓝黑墨水等耐久性强的书写材料，不得使用红色墨水、纯蓝墨水、圆珠笔、复写纸、铅笔等易褪色的书写材料。计算机输出文字和图件应使用激光打印机，不应使用色带式打印机、水性墨打印机和热敏打印机。

7）工程文件应字迹清楚，图样清晰，图表整洁，签字盖章手续应完备。

8）工程文件中文字材料幅面尺寸规格宜为A4幅面（297mm×210mm）。图纸宜采用国家标准图幅。

11.1.2 监理文件资料的基本要求

（1）监理单位应制定监理文件资料管理制度及管理体系，应定期组织对项目监理机构的监理文件资料编制、整理、组卷和归档工作进行督促检查。

（2）监理单位应按有关资料管理规定和监理合同约定，及时向建设单位移交需要归档的监理文件资料，并办理移交手续。

（3）总监理工程师是项目监理文件资料管理的第一责任人。

（4）总监理工程师应指定熟悉工程监理业务的人员负责管理监理文件资料，并明确其岗位职责。

（5）总监理工程师应检查项目监理机构资料管理人员的工作。

（6）总监理工程师应审核项目监理机构归档的工程监理文件资料，并按规定向监理单位移交。

（7）项目监理机构应建立健全监理文件资料管理制度，落实监理文件资料管理职责，应做到"明确责任，专人负责"。

（8）监理文件资料的签字人员是监理文件资料的直接责任人，应对所编制、记录、签发的监理文件资料的真实性负责。

（9）签字人员应对报送文件资料进行审核，对文件资料有疑义的，应向文件资料报送单位进行核实，经审核符合要求后方可签字，必要时应告知相关监理人员。

（10）签字文件资料有时效规定的，签字人员在接到文件资料的第一时间审查时效是否符合规定要求。

（11）签字人员应配合资料管理人员及时整理和归档监理文件资料。

（12）监理文件资料的编制和形成须有追溯性，应客观真实反映监理工作实际情况以及工程建设各方合同履约情况。

（13）监理文件资料应真实、有效和完整无缺；严禁伪造、涂改、故意撤换和损坏文件资料。

（14）项目监理机构应随工程进度及时、准确完整地收集、整理、组卷、归档监理文件资料。

（15）监理文件资料应字迹清晰，内容完整，数据准确，结论明确，并有相关人员签字，需要加盖印章的应有相关印章。相关证明文件资料应为原件，若为复印件应报送加盖单位的印章，并注明原件存放处、经办人签字及日期。

（16）监理文件资料应保证时效性，及时签认和传递。

（17）监理文件资料需要加盖印章的工程资料应为纸质资料。其中涉及工程结构安全的重要部位、关键工序，应留置相关照片或影像资料，并附相应文字说明。

（18）所有工程文件资料中的工程名称应与建设工程施工许可证保持一致，相关参建单位名称应为全称。

11.2 监理文件资料的内容及分类

11.2.1 监理文件资料主要内容

（1）勘察设计文件、建设工程监理合同及其他合同文件；

（2）监理规划、监理实施细则；

（3）设计交底和图纸会审会议纪要；

（4）施工组织设计、（专项）施工方案、应急救援预案、施工进度计划报审文件资料；

（5）分包单位资格报审文件资料；

（6）施工控制测量成果报验文件资料；

（7）总监理工程师任命书、工程开工令、暂停令、复工令、工程开工或复工报审文件资料；

（8）工程材料、构配件、设备报验文件资料；

（9）见证取样和平行检验文件资料；

（10）工程质量检查报验资料及工程有关验收资料；

（11）工程变更、费用索赔及工程延期文件资料；

（12）工程计量、工程款支付文件资料；

（13）监理通知、工作联系单与监理报告；

（14）第一次工地会议、监理例会、专题会议等会议纪要；

（15）监理月报、监理日志、旁站记录；

（16）工程质量或生产安全事故处理文件资料；

（17）工程质量评估报告及竣工验收监理文件资料；

（18）监理工作总结。

11.2.2 监理其他文件资料

（1）项目监理单位营业执照、资质证书；

（2）项目监理机构任命文件；

（3）总监理工程师授权书及《承诺书》；

（4）总监理工程师代表授权书（如有）；

（5）总监理工程师变更申请（如有）；

（6）专业监理工程师变更通知书；

（7）总监理工程师注册证书复印件；

（8）其他监理人员职业证书、业务培训证书等相关证件。

11.2.3 监理文件资料的分类

在工程项目监理过程中所产生的信息与文件资料，依据文件资料形成的属性，可分为以下七类（表11-1）：

监理单位文件资料分类目录表　　　　　　表11-1

类别	序号	资料名称	参考用表编号
编制类资料	1	监理规划	
	2	监理实施细则	
	3	见证取样计划	
	4	旁站方案	
	5	监理月报	
	6	工程质量评估报告	
	7	监理工作总结	
签发类资料	1	项目监理机构任命文件	
	2	总监理工程师任命书	A.0.1
	3	总监理工程师承诺书、授权书	附件1、附件2
	4	总监理工程师代表授权书	BF.0.4
	5	专业监理工程师变更通知书	BF.0.5
	6	工程开工令	A.0.2
	7	工程暂停令	A.0.5
	8	工程复工令	A.0.7
	9	监理通知单	A.0.3
	10	监理报告	A.0.4
	11	工程款支付证书	A.0.8
	12	工作联系单	C.0.1
	13	竣工移交证书	BF.0.6
审批类资料	1	施工组织设计/（专项）施工方案报审表	B.0.1
	2	施工进度计划报审表	B.0.12
	3	分包单位资质报审表	B.0.4

类别	序号	资料名称	参考用表编号
审批类资料	4	工程开工报审表	B.0.2
	5	工程复工报审表	B.0.3
	6	工程变更报审	C.0.2
	7	费用索赔报审表	B.0.13
	8	工程延期报审表	B.0.14
	9	工程款支付报审表	B.0.11
验收类资料	1	施工控制测量报验	B.0.5
	2	工程材料、构配件、设备报验	B.0.6
	3	隐蔽工程报验	B.0.7
	4	检验批、分项工程报验	B.0.7
	5	分部工程报验	B.0.8
	6	单位工程竣工报验	B.0.10
	7	监理通知回复单	B.0.9
记录类资料	1	会议纪要	
	2	监理日志	BF.0.7
	3	监理日志（安全）	BF.0.8
	4	旁站记录	A.0.6
	5	材料见证记录	BF.0.9
	6	实体检验见证记录	BF.0.10
	7	平行检验记录	BF.0.11
台账类资料	1	试验检测类台账	BF.0.12—17
	2	合同管理类台账	BF.0.18—20
	3	施工机械设备管理台账	BF.0.21
	4	其他管理类台账	BF.0.22
相关文件资料	1	工程勘察文件	
	2	工程设计文件	
	3	工程保修阶段文件	

11.3 监理文件资料日常管理

11.3.1 相关规范要求

（1）《建设工程监理规范》GB/T 50319—2013

1）项目监理机构应建立完善监理文件资料管理制度，宜设专人管理监理文件资料。

2）项目监理机构改革应采用信息技术进行监理文件资料整理。

（2）《建设工程文件归档整理规范》GB/T 50328—2014

1）建设工程文件的整理、归档以及建设工程档案的验收与移交除应符合本规范外，尚应符合国家现行有关标准的规定。

2）按照一定的原则，对工程文件进行挑选、分类、组合、排列、编目，使之成为有序化的过程。

3）按照一定的原则和方法，将有保存价值的文件分门别类整理成案卷，亦称组卷。

4）文件形成部门或形成单位完成其工作任务后，将形成的文件整理立卷后，按规定向本单位档案室或向城建档案管理机构移交的过程。

11.3.2 基本要求

（1）监理文件资料管理人员负责项目监理机构的资料管理和信息传递工作，负责项目监理机构的文件收发管理，并参与对施工单位资料的督促检查。

（2）监理文件资料管理人员，在接到资料签字人员传递的监理资料后，应核对监理资料类型及完整性，及时整理、分类汇总，并应按规定组卷，形成监理档案，妥善保存。

（3）监理文件资料应按单位工程、分部工程或专业、阶段等进行组卷。

（4）监理文件资料应编目合理、整理及时、归档有序、利于检索。应统一存放在同种规格的档案盒中，档案盒的盒脊应表示文件类别和文件名称。

（5）监理文件资料案卷由案卷封面和卷脊、卷内目录、卷内文件及备考表组成。文件资料应按编号顺序进行存放。

（6）卷内文件原则上按文件形成的时间及文件的序号进行排列。一般编排为文字材料在前，图样在后。

（7）监理文件资料若需要现场签认的手书文件，应字迹工整、清楚，附图要求规则且标注完整。

（8）监理文件资料的填写、编制、审核、审批、签认应及时进行，其内容应符合相关规定。应确保文件资料管理的延续性。

（9）项目监理机构应运用信息技术进行监理文件资料的编制、收集、日常管理，实现监理文件资料管理的科学化、标准化。

（10）对监理服务过程中形成的影像资料，选择符合质量要求、具有保存价值的归档。

（11）影像资料可按时间顺序、重要程度进行排列，组成案卷。标注名称、拍摄时间、文字说明等。

11.4 监理文件资料的核查、归档及移交

11.4.1 相关规范规定

（1）《建设工程监理规范》GB/T 50319—2013

1）项目监理机构应及时整理、分类汇总监理工程师文件资料，并应按规定组卷，形成监理档案。

2）工程监理单位应根据工程特点和有关规定，保存监理档案，并应向有关单位、部门移交需要存档的监理文件资料。

（2）《建设工程文件归档整理规范》GB/T 50328—2014

1）在工程建设活动中直接形成的具有归档保存价值的文字、图纸、图表、声像、电子文件等各种形式的历史记录，简称工程档案。

2）工程建设过程中形成的，具有参考和利用价值并作为档案保存的电子文件及其元数据。

3）记录工程建设活动，具有保存价值的，用照片、影片、录音带、录像带、光盘、硬盘等记载的声音、图片和影像等历史记录。

4）按照一定的原则，对工程文件进行挑选、分类、组合、排列、编目，使之有序化的过程。

5）按照一定的原则和方法，将有保存价值的文件分门别类整理成案卷，亦称组卷。

6）文件形成部门或形成单位完成其工作任务后，将形成的文件整理立卷后，按规定向本单位档案室或向城建档案管理机构移交的过程。

7）管理本地区城建档案工作的专门机构，以及接收、收集、保管和提供利用城建档案的城建档案馆、城建档案室。

8）归档的纸质工程文件应为原件。

9）勘察、设计、施工、监理等单位应将本单位形成的工程文件立卷后向建设单位移交。

10）勘察、设计单位应在任务完成后，施工、监理单位应在工程竣工验收前，将各自形成的有关工程档案向建设单位归档。

11）勘察、设计、施工单位在收齐工程文件并整理立卷后，建设单位、监理单位应根据城建档案管理机构的要求，对归档文件完整、准确、系统情况和案卷

质量进行审查。审查合格后方可向建设单位移交。

12）勘察、设计、施工、监理等单位向建设单位移交档案时，应编制移交清单，双方签字、盖章后方可交接。

13）设计、施工及监理单位需向本单位归档的文件，应按国家有关规定和本规范附录A、附录B的要求立卷归档。

11.4.2 基本要求

（1）工程竣工验收前，项目监理机构应对监理过程中形成的工程监理文件资料进行分类整理并立卷成册，完善立卷和成册后的序号、页码等工作。总监理工程师应对工程监理文件资料进行核查。

（2）项目监理机构应按有关资料管理规定，将监理过程中形成的监理档案移交监理单位保存，并办理移交手续。

（3）监理单位应按照有关资料管理规定和合同约定向建设单位移交需要归档的监理文件资料，并办理移交手续。

11.5 竣工备案应归档移交的监理资料

11.5.1 基本要求

（1）工程竣工验收后，项目监理机构应按相关规定及合同约定将监理过程中形成的监理资料向建设单位移交。

（2）依据《建设工程文件归档整理规范》GB/T 50328—2014，建设单位应把下列监理文件资料移交到城建档案管理机构。

11.5.2 竣工备案移交的监理资料目录

竣工备案移交的监理资料目录如表11-2所示。

竣工备案移交的监理资料目录   表11-2

序号	资料名称	参考用表编号
1	监理规划	
2	监理实施细则	
3	工程质量评估报告	
4	监理工作总结	
5	监理通知单	A.0.3

序号	资料名称	参考用表编号
6	监理通知回复单	B.0.9
7	工程暂停令	A.0.5
8	工程复工报审表	B.0.3
9	工程开工报审表	B.0.2
10	质量事故报告及处理资料	
11	工程延期报审表	B.0.14

11.6 现场监理安全资料

11.6.1 基本要求

（1）监理单位应依据《房屋建筑施工现场安全资料管理标准》DBJ41/T 228—2019对施工现场安全生产管理的监理资料负责，在监理规划中应明确安全生产管理的监理资料要求和职责分工。

（2）项目监理机构应按规定对施工单位报送的施工现场安全资料进行审查，并按规定进行签字确认和存档。

（3）工程项目安全生产管理的监理资料应随监理工作同步形成，项目总监理工程师应及时组织编制、审查（核）、收集、签认，并整理组卷。

11.6.2 监理单位现场安全资料归档目录

监理单位现场安全资料归档目录如表11-3所示。

监理单位现场安全资料归档目录表　　　　　　　　表11-3

卷号	卷名	序号	资料名称	参考表编号
第一卷	管理的监理	1	建设工程监理合同中有关安全生产管理的监理工作内容	
		2	安全生产管理的监理工作制度清单	
		3	《总监理工程师任命书》及项目监理机构有关人员执业资格证书复印件	A.0.1
		4	监理规划（安全生产管理的监理工作专篇）	
		5	安全生产管理的监理实施细则	
第二卷	安全生产管理的监理工作记录	6	对总承包单位和人员资质资格以及现场安全生产保证体系、安全生产责任制、安全生产管理规章制度等相关资料审核记录	BF.0.1

卷号	卷名	序号	资料名称	参考表编号
第二卷	安全生产管理的监理工作记录	6	对分包单位资格审查记录	B.0.4
			施工单位和人员相关资质资格证书复印件	
		7	《施工组织设计/(专项)施工方案报审表》及施工组织设计/专项施工方案	B.0.1
			项目《危险性较大的分部分项工程清单》	BF.0.2
		8	《工程开工报审表》及相关资料	B.0.2
			《工程开工令》	A.0.2
		9	施工机械设备、安全设施有关报审资料	
		10	安全生产管理的《监理通知单》及《监理通知回复单》	A.0.3 B.0.9
		11	《工程复工报审表》	B.0.3
			《工程复工令》	A.0.7
		12	向工程建设行政主管部门报送的报告	
		13	危险性较大的分部分项工程专项巡视检查记录	BF.0.3
		14	组织或参与危险性较大的分部分项工程施工验收记录	
		15	对施工企业有关项目安全生产标准化考评材料的审核记录	
		16	对有关行政主管部门安全检查中提出的有关监理问题的整改情况记录	
		17	有关安全生产管理的监理日志、监理月报、专题报告、监理工作总结等	
		18	其他需要存档的有关安全生产管理的监理资料	

项目负责人授权委托书

　　兹授权我单位 ＿＿＿＿＿＿＿＿ 担任 ＿＿＿＿＿＿＿＿＿＿＿ 工程项目的建设单位项目负责人，对该工程项目的施工工作实施组织管理，依据国家有关法律法规及标准规范履行职责，并依法对设计使用年限内的工程质量承担相应终身责任。

　　本授权书自授权之日起生效。

被授权人基本情况			
姓名		身份证号	
注册执业资格		注册执业证号	
被授权人签字：			

　　　　　　　　　授权单位（盖章）：＿＿＿＿＿＿＿＿＿＿＿

　　　　　　　　　法定代表人（签字）：＿＿＿＿＿＿＿＿＿＿＿

　　　　　　　　　授权日期：＿＿＿＿＿＿ 年 ＿＿ 月 ＿＿ 日

工程质量终身责任承诺书

本人受 _____ 单位（法定代表
人 _____）授权，担任 _____ 。

工程项目的监理单位项目负责人，对该工程项目的监理工作实施组织管理。
本人承诺严格依据国家有关法律法规及标准规范履行职责，并对设计使用年限内
的工程质量依法承担相应终身责任。

承 诺 人 签 字：_____

身 份 证 号：_____

注册执业资格：_____

注册执业证号：_____

签 字 日 期：_____年____月____日

A.0.1

总监理工程师任命书

工程名称：_____　　　编号：_____

致：_____（建设单位）

　　兹任命 _____（注册监理工程师注册号：_____）为我

单位 _____ 项目总监理工程师。负责履行

建设工程监理合同、主持项目监理机构工作。

工程监理单位（盖章）_____

法定代表人（签字）_____

_____年____月____日

注：本表一式三份，项目监理机构、建设单位、施工单位各一份。

A.0.2

工程开工令

工程名称：_____ 　　编号：_____

致：_____（施工单位）

　　经审查，本工程已具备施工合同约定的开工条件，现同意你方开始施工，开工日期为：_____年
___月___日。

附件：开工报审表

项目监理机构（盖章）_____

总监理工程师（签字、加盖执业印章）_____

_____年___月___日

注：本表一式三份，项目监理机构、建设单位、施工单位各一份。

A.0.3

监理通知单

工程名称：_____　　　　编号：_____

致：_____（施工项目经理部）

事由：_____

_____

_____

_____

_____

内容：_____

_____

_____

_____

项目监理机构（盖章）_____

总/专业监理工程师（签字）_____

_____年____月____日

注：本表一式三份，项目监理机构、建设单位、施工单位各一份。

A.0.4

监理报告

工程名称：_____　　　　　编号：_____

<table>
<tr><td>

致：_____（主管部门）

　　由 _____（施工单位）施工的 _____（工程部位），存

在安全事故隐患。我方已于 _____ 年 ____ 月 ____ 日发出编号为：_____ 的

《监理通知》/《工程暂停令》，但施工单位未（整改/停工）。

　　特此报告。

　　附件：□ 监理通知单

　　　　　□ 工程暂停令

　　　　　□ 其他

　　　　　　　　　　　　　　项目监理机构（盖章）_____

　　　　　　　　　　　　　　总监理工程师（签字）_____

　　　　　　　　　　　　　　　　　　　　　　_____ 年 ___ 月 ___ 日

</td></tr>
</table>

注：本表一式四份，主管部门、建设单位、工程监理单位、项目监理机构各一份。

A.0.5

工程暂停令

工程名称：＿＿＿＿＿＿＿＿＿＿＿＿＿＿＿＿＿＿＿＿＿　　　编号：＿＿＿＿＿＿＿＿＿

致：＿＿＿＿＿＿＿＿＿＿＿＿＿＿＿＿（施工项目经理部）

由于 ＿＿＿＿＿＿＿＿＿＿＿＿＿＿＿＿＿＿＿＿＿＿＿＿＿＿＿＿＿＿＿＿＿＿＿＿＿＿＿

＿＿＿＿＿＿＿＿＿＿＿＿＿＿＿＿＿＿＿＿＿＿＿＿＿＿＿＿＿＿＿＿ 原因，现通知你方

于 ＿＿＿＿＿ 年 ＿＿＿ 月 ＿＿＿ 日 ＿＿＿ 时起，暂停 ＿＿＿＿＿＿＿＿＿ 部位（工序）施工，

并按下述要求做好后续工作。

要求：

项目监理机构（盖章）＿＿＿＿＿＿＿＿＿＿＿＿＿＿

总监理工程师（签字、加盖执业印章）＿＿＿＿＿＿＿＿＿＿＿＿

＿＿＿＿＿ 年 ＿＿＿ 月 ＿＿＿ 日

注：本表一式三份，项目监理机构、建设单位、施工单位各一份。

A.0.6

旁站记录

工程名称：_____ 　　编号：_____

旁站的关键部位、关键工序		施工单位	
旁站开始时间	年　月　日　时　分	旁站结束时间	年　月　日　时　分
旁站的关键部位、关键工序施工情况： 			
发现的问题及处理情况： 旁站监理人员（签字）_____ _____年____月____日			

注：本表一式一份，项目监理机构留存。

工程复工令

工程名称：＿＿＿＿＿＿＿＿＿＿＿＿＿＿＿＿＿＿　　编号：＿＿＿＿＿＿＿＿

致：＿＿＿＿＿＿＿＿＿＿＿＿＿＿（施工项目经理部）

我方发出的编号为＿＿＿＿＿＿＿＿＿＿《工程停工令》，要求暂停施工的＿＿＿＿＿＿部位（工序）施工，经查已具备复工条件。经建设单位同意，现通知你方于＿＿＿＿＿年＿＿月＿＿日＿＿时起恢复施工。

附件：工程复工报审表

项目监理机构（盖章）＿＿＿＿＿＿＿＿＿＿＿＿＿

总监理工程师（签字、加盖执业印章）＿＿＿＿＿＿＿＿＿＿＿＿＿

＿＿＿＿＿年＿＿月＿＿日

注：本表一式三份，项目监理机构、建设单位、施工单位各一份。

A.0.8

工程款支付证书

工程名称：_____ 　　编号：_____

致：_____（施工单位）

　　根据施工合同约定，经审核编号为_____施工单位工程款支付申请表，扣除有关款项后，同意支付工程款共计（大写）_____（小写：_____）。

其中：

1.施工单位申报款为：

2.经审核施工单位应得款为：

3.本期应扣款为：

4.本期应付款为：

附件：施工单位的工程款支付申请表及附件

项目监理机构（盖章）_____

总监理工程师（签字、加盖执业印章）_____

_____年___月___日

注：本表一式三份，项目监理机构、建设单位、施工单位各一份。

第11章　监理文件资料整理与归档

B.0.1

施工组织设计/（专项）施工方案报审表

工程名称：_____   编号：_____

致：_____（项目监理机构） 我方已完成_____工程施工组织设计/（专项）施工方案的编制，请予以审查。 附：□ 施工组织设计 　　□ 专项施工方案 　　□ 施工方案 　　　　　　　　　　施工项目经理部（盖章）_____ 　　　　　　　　　　　项目经理（签字）_____ 　　　　　　　　　　　　　　　　_____年____月____日
审查意见：   　　　　　　　　　　专业监理工程师（签字）_____ 　　　　　　　　　　　　　　　　_____年____月____日
审核意见：   　　　　　　　　　　项目监理机构（盖章）_____ 　　　　　　　　　　总监理工程师（签字、加盖执业印章）_____ 　　　　　　　　　　　　　　　　_____年____月____日
审批意见（仅对超过一定规模的危险性较大分部分项工程专项施工方案）：   　　　　　　　　　　建设单位（盖章）_____ 　　　　　　　　　　建设单位代表（签字）_____ 　　　　　　　　　　　　　　　　_____年____月____日

注：本表一式三份，项目监理机构、建设单位、施工单位各一份。

B.0.2

工程开工报审表

工程名称：_____　　　编号：_____

<table>
<tr><td colspan="2">
致：_____（建设单位）
　　_____（项目监理机构）
　　我方承担的 _____ 工程，已完成相关准备工作，具备开工条件，特此申请
于 _____ 年 ___ 月 ___ 日开工，请予以审批。

　　附件：证明文件资料

施工单位（盖章）_____
项目经理（签字）_____
_____ 年 ___ 月 ___ 日
</td></tr>
<tr><td colspan="2">
审核意见：

项目监理机构（盖章）_____
总监理工程师（签字、加盖职业印章）_____
_____ 年 ___ 月 ___ 日
</td></tr>
<tr><td colspan="2">
审批意见：

建设单位（盖章）_____
建设单位代表（签字）_____
_____ 年 ___ 月 ___ 日
</td></tr>
</table>

注：本表一式三份，项目监理机构、建设单位、施工单位各一份。

B.0.3

工程复工报审表

工程名称：_____   编号：_____

致：_____（项目监理机构） 编号为 _____《工程暂停令》所停工的 _____ 部位（工序），现已满足复工条件，我方申请于 _____ 年 ___ 月 ___ 日复工，请予以审批。 附：□ 证明文件资料 施工项目经理部（盖章）_____ 项目经理（签字）_____ _____ 年 ___ 月 ___ 日	
审核意见： 项目监理机构（盖章）_____ 总监理工程师（签字）_____ _____ 年 ___ 月 ___ 日	
审批意见： 建设单位（盖章）_____ 建设单位代表（签字）_____ _____ 年 ___ 月 ___ 日	

注：本表一式三份，项目监理机构、建设单位、施工单位各一份。

B.0.4

分包单位资格报审表

工程名称：_____   编号：_____

<table>
<tr><td colspan="3">

　　致：_____（项目监理机构）

　　经考察，我方认为拟选择的 _____（分包单位）具有承担下列工程的施工或安装资质和能力，可以保证本工程按施工合同第_____条款的约定进行施工或安装。

　　请予以审查。
</td></tr>
<tr><td>分包工程名称（部位）</td><td>分包工程量</td><td>分包工程合同额</td></tr>
<tr><td></td><td></td><td></td></tr>
<tr><td></td><td></td><td></td></tr>
<tr><td></td><td></td><td></td></tr>
<tr><td colspan="2" align="center">合　　计</td><td></td></tr>
<tr><td colspan="3">

　　附：1.分包单位资质材料

　　　　2.分包单位业绩材料

　　　　3.分包单位专职管理人员和特种作业人员的资格证书

　　　　4.施工单位对分包单位的管理制度

施工项目经理部（盖章）_____

项目经理（签字）_____

_____年____月____日

</td></tr>
<tr><td colspan="3">

审查意见：

专业监理工程师（签字）_____

_____年____月____日

</td></tr>
<tr><td colspan="3">

审核意见：

项目监理机构（盖章）_____

总监理工程师（签字）_____

_____年____月____日

</td></tr>
</table>

注：本表一式三份，项目监理机构、建设单位、施工单位各一份。

B.0.5

施工控制测量成果报验表

工程名称：_____　　　　编号：_____

致：_____（项目监理机构）

　　我方已完成 _____ 的施工控制测量，经自检合格，请予以查验。

附：1.施工控制测量依据资料
　　2.施工控制测量成果表

　　　　　　　　　　　　　　　　　　施工项目经理部（盖章）_____

　　　　　　　　　　　　　　　　　　项目技术负责人（签字）_____

　　　　　　　　　　　　　　　　　　　　　　　　_____年____月____日

审查意见：

　　　　　　　　　　　　　　　　　　项目监理机构（盖章）_____

　　　　　　　　　　　　　　　　　　专业监理工程师（签字）_____

　　　　　　　　　　　　　　　　　　　　　　　　_____年____月____日

注：本表一式三份，项目监理机构、建设单位、施工单位各一份。

B.0.6

工程材料、构配件、设备报审表

工程名称：_____   编号：_____

致：_____（项目监理机构）

于 _____ 年 ____ 月 ____ 日进场的拟用于工程 _____ 部位的 _____，经
我方检验合格，现将相关资料报上，请予以审查。

附件：1.工程材料、构配件或设备清单

2.质量证明文件

3.自检结果

施工项目经理部（盖章）_____

项目经理（签字）_____

_____ 年 ____ 月 ____ 日

审查意见：

项目监理机构（盖章）_____

专业监理工程师（签字）_____

_____ 年 ____ 月 ____ 日

注：本表一式两份，项目监理机构、施工单位各一份。

B.0.7

_____ **报审、报验表**

工程名称：_____   编号：_____

致：_____（项目监理机构）

我方已完成_____工作，经自检合格，请予以审查或验收。

附件：□ 隐蔽工程质量检验资料

□ 检验批质量检验资料

□ 分项工程质量检验资料

□ 施工试验室证明资料

□ 其他

施工项目经理部（盖章）_____

项目经理或项目技术负责人（签字）_____

_____年___月___日

审查或验收意见：

项目监理机构（盖章）_____

专业监理工程师（签字）_____

_____年___月___日

注：本表一式两份，项目监理机构、施工单位各一份。

B.0.8

分部工程报验表

工程名称：_____   编号：_____

致：_____（项目监理机构）

  我方已完成_____（分部工程），经自检合格，请予以验收。

附件：分部工程质量资料

施工项目经理部（盖章）_____

项目技术负责人（签字）_____

_____年____月____日

验收意见：

专业监理工程师（签字）_____

_____年____月____日

验收意见：

项目监理机构（盖章）_____

总监理工程师（签字）_____

_____年____月____日

注：本表一式三份，项目监理机构、建设单位、施工单位各一份。

B.0.9

监理通知回复单

工程名称：_____   编号：_____

致：_____（项目监理机构）

我方接到编号为_____的监理通知后，已按要求完成相关工作，请予以复查。

附件：需要说明的情况

施工项目经理部（盖章）_____

项目经理（签字）_____

_____年____月____日

复查意见：

项目监理机构（盖章）_____

总/专业监理工程师（签字）_____

_____年____月____日

注：本表一式三份，项目监理机构、建设单位、施工单位各一份。

B.0.10

单位工程竣工验收报审表

工程名称：_____　　　　编号：_____

致：_____（项目监理机构）

　　我方已按施工合同要求完成 _____ 工程，经自检合格，现将有关资料报上，请予以预验收。

　　附件：1.工程质量验收报告

　　　　　2.工程功能检验资料

施工单位（盖章）_____

项目经理（签字）_____

_____年____月____日

预验收意见：

　　经预验收，该工程合格/不合格，可以/不可以组织正式验收。

项目监理机构（盖章）_____

总监理工程师（签字、加盖职业印章）_____

_____年____月____日

注：本表一式三份，项目监理机构、建设单位、施工单位各一份。

B.0.11

工程款支付申请表

工程名称：_____　　　　编号：_____

致：_____（项目监理机构）

根据施工合同约定，我方已完成 _____ 工作，建设单位应在 _____ 年 ____月___日前支付该项工程款共（大写）_____（小写：_____），请予以审核。

附件：

□ 已完成工程量报表

□ 工程竣工结算证明材料

□ 相应支付性证明文件

施工项目经理部（盖章）_____

项目经理（签字）_____

_____ 年 ___ 月 ___ 日

审查意见：

1.施工单位应得款为：

2.本期应扣款为：

3.本期应付款为：

附件：相应支付性材料

专业监理工程师（签字）_____

_____ 年 ___ 月 ___ 日

审核意见：

项目监理机构（签字）_____

总监理工程师（签字、加盖职业印章）_____

_____ 年 ___ 月 ___ 日

审批意见：

建设单位（盖章）_____

建设单位代表（签字）_____

_____ 年 ___ 月 ___ 日

注：本表一式三份，项目监理机构、建设单位、施工单位各一份；

　　工程竣工结算报审表一式四份，项目监理机构、建设单位各一份、施工单位两份。

B.0.12

施工进度计划报审表

工程名称：_____   编号：_____

致：_____（项目监理机构） 　　根据施工合同约定，我方已完成 _____ 工程施工进度计划的编制和批准，请予以审查。 　　附：□ 施工总进度计划 　　　　□ 阶段性进度计划   　　　　　　　　　　　　　　施工项目经理部（盖章）_____ 　　　　　　　　　　　　　　　项目经理（签字）_____ 　　　　　　　　　　　　　　　　　　　____ 年 ____ 月 ____ 日
审查意见：   　　　　　　　　　　　　　　专业监理工程师（签字）_____ 　　　　　　　　　　　　　　　　　　　____ 年 ____ 月 ____ 日
审核意见：   　　　　　　　　　　　　　　项目监理机构（盖章）_____ 　　　　　　　　　　　　　　总监理工程师（签字）_____ 　　　　　　　　　　　　　　　　　　　____ 年 ____ 月 ____ 日

注：本表一式三份，项目监理机构、建设单位、施工单位各一份。

B.0.13

费用索赔报审表

工程名称：_____　　　　编号：_____

致：_____（项目监理机构）

根据施工合同 _____ 条款，由于 _____ 的原因，我方申请索赔

金额（大写）_____，请予批准。

索赔理由：_____

_____

_____

附件：□ 索赔金额的计算

　　　□ 证明材料

施工项目经理部（盖章）_____

项目经理（签字）_____

_____年____月____日

审核意见：

　　　□ 不同意此项索赔

　　　□ 同意此项索赔，索赔金额为（大写）_____

同意／不同意索赔的理由：_____

_____

附件：□索赔金额的计算

项目监理机构（盖章）_____

总监理工程师（签字、加盖执业印章）_____

_____年____月____日

审批意见：

建设单位（盖章）_____

建设单位代表（签字）_____

_____年____月____日

注：本表一式三份，项目监理机构、建设单位、施工单位各一份。

B.0.14

工程临时/最终延期报审表

工程名称：_____   编号：_____

致：_____（项目监理机构）

根据施工合同 _____（条款），由于 _____ 的原因，我方申请工程临时/最终延期 _____（日历天），请予批准。

附件：

1.工程延期依据及工期计算

2.证明材料

施工项目经理部（盖章）_____

项目经理（签字）_____

_____年 ____月 ____日

审核意见：

□ 同意工程临时/最终延期 _____（日历天）。工程竣工日期从施工合同约定的 _____年____月____日延迟到_____年____月____日。

□ 不同意延期，请按约定竣工日期组织施工。

项目监理机构（盖章）_____

总监理工程师（签字、加盖执业印章）_____

_____年 ____月 ____日

审批意见：

建设单位（盖章）_____

建设单位代表（签字）_____

_____年 ____月 ____日

注：本表一式三份，项目监理机构、建设单位、施工单位各一份。

C.0.1

工作联系单

工程名称：＿＿＿＿＿＿＿＿＿＿＿＿＿＿＿　　　　编号：＿＿＿＿＿＿＿

致：＿＿＿＿＿＿＿＿＿＿＿＿＿＿

发文单位　＿＿＿＿＿＿＿＿＿＿＿＿＿

负责人（签字）　＿＿＿＿＿＿＿＿＿＿＿

＿＿＿＿年＿＿月＿＿日

C.0.2

工程变更单

工程名称： _____　　　　　编号： _____

致： _____

　　由于 _____ 原因，兹

提出 _____ 工程变更，请予以审批。

附件：
　　□ 变更内容
　　□ 变更设计图
　　□ 相关会议纪要
　　□ 其他

　　　　　　　　　　　　　　　变更提出单位： _____

　　　　　　　　　　　　　　　负责人： _____

　　　　　　　　　　　　　　　_____ 年 ____ 月 ____ 日

工程数量增/减	
费用增/减	
工期变化	

施工项目经理部（盖章） 项目经理（签字）	设计单位（盖章） 设计负责人（签字）
项目监理机构（盖章） 总监理工程师（签字）	建设单位（盖章） 负责人（签字）

注：本表一式四份，建设单位、项目监理机构、设计单位、施工单位各一份。

C.0.3

索赔意向通知书

工程名称：＿＿＿＿＿＿＿＿＿＿＿＿＿＿＿　　　　　编号：＿＿＿＿＿＿＿

致：＿＿＿＿＿＿＿＿＿＿＿＿＿＿＿

根据施工合同 ＿＿＿＿＿＿＿＿＿（条款）的约定，由于发生了 ＿＿＿＿＿＿事件，且该事件的发生非我方原因所致。为此，我方向 ＿＿＿＿＿＿＿＿＿（单位）提出索赔要求。

附件：索赔事件资料

提出单位（盖章）＿＿＿＿＿＿＿＿＿＿

负责人（签字）＿＿＿＿＿＿＿＿＿＿＿

＿＿＿＿＿年＿＿月＿＿日

BF.0.1

施工单位和人员资质资格及安全保证体系审核记录表

编号：

工程名称		施工单位		
项目负责人		证件及编号		
项目安全负责人		证件及编号		
序号	检查项目	检查内容	检查结果	检查人
1	施工单位资质	有无，是否超范围经营		
2	安全生产许可证	有无，是否有效		
3	项目负责人和专职安全生产管理人员证件	有无，是否有效，数量是否达标，是否在岗		
4	特种作业人员资格证书	有无，是否有效		
5	安全生产保证体系	是否建立		
6	安全生产责任制度	有无，是否齐全，管理人员是否签订安全生产责任书		
7	安全生产管理规章制度	有无，是否齐全		
8	安全生产协议书	总包和分包单位是否签订		
9	安全文明施工措施费及扬尘防治费用使用计划	有无，是否切合实际		
10	其他			

检查结论：

总监理工程师（签字）：

_____年____月____日

危险性较大的分部分项工程清单

编号：

工程名称				工程地点			
结构层次		建筑面积		开工日期		拟竣工日期	
建设单位					项目负责人		
施工单位					项目负责人		
监理单位					项目总监理工程师		
编号	危险性较大工程名称			工程概况		拟施工日期	是否为超规模危大工程

施工单位项目负责人： （签字）	项目总监理工程师： （签字）	建设单位项目负责人： （签字）
项目部（盖章） ____年___月___日	项目监理机构（盖章） ____年___月___日	项目部（盖章） ____年___月___日

注：1."工程概况"主要填写危大工程基本情况，如：基坑类型和深度、架体种类和搭设高度、模板支架载荷和搭设高度、起重设备安装或拆除等；

2.超过一定规模的危大工程，在"是否为超规模危大工程"栏中打"√"；

3.本表由施工单位填写，建设单位、监理单位、施工单位各存一份。

BF.0.3

巡视检查记录

工程名称：   编号：

巡视检查的危大工程		巡视检查时间	
施工单位			
巡视检查情况			
施工单位现场 安全管理情况	是否对现场管理人员进行了方案交底	□是	□否
	是否向作业人员进行了安全技术交底	□是	□否
	是否对危大工程施工作业人员进行了登记	□是	□否
	是否在危险区域设置了安全警示标志	□是	□否
	项目负责人是否在施工现场履职	□是	□否
	项目专职安全生产管理人员是否进行了现场督促	□是	□否
危大工程现场 施工情况			

发现的问题及处理情况：

巡视检查监理人员（签字）：

_____年____月____日

注：本表一式一份，项目监理机构留存。

BF.0.4

总监理工程师代表授权书

工程名称：_____　　　　编号：_____

　　兹任命 _____ 为代表工程项目总监理工程师代表，授权其代表本人履行下列职责：

☐ 检查监理人员工作。

☐ 组织召开监理例会。

☐ 组织审核分包单位资格。

☐ 审查开复工报审表。

☐ 组织检查施工单位现场质量、安全生产管理体系的建立及运行情况。

☐ 组织审核施工单位付款申请。

☐ 组织审查和处理工程变更。

☐ 组织审查单位工程质量检验资料。

☐ 组织编写监理月报、监理工作总结，组织整理监理文件资料。

附件：总监理工程师代表的身份证、职称证书、业务培训证等证件复印件。

项目监理机构（盖章）

被授权人（签字）

总监理工程师（签字）

_____年____月____日

BF.0.5

专业监理工程师变更通知书

工程名称： _____ 编号： _____

<table>
<tr><td colspan="6">
致： _____（建设单位）
由于 _____（原因），我部变更 _____ 名
专业监理工程师，本次变更能满足履行合同义务的需要。

项目监理机构（盖章）：
总监理工程师（签字、加盖执业印章）：
_____ 年 ___ 月 ___ 日
</td></tr>
<tr><td></td><td>姓名</td><td>岗位</td><td>专业</td><td>证书及编号</td><td>本人签字</td></tr>
<tr><td rowspan="3">离场人员</td><td></td><td></td><td></td><td></td><td></td></tr>
<tr><td></td><td></td><td></td><td></td><td></td></tr>
<tr><td></td><td></td><td></td><td></td><td></td></tr>
<tr><td rowspan="3">进场人员</td><td></td><td></td><td></td><td></td><td></td></tr>
<tr><td></td><td></td><td></td><td></td><td></td></tr>
<tr><td></td><td></td><td></td><td></td><td></td></tr>
<tr><td colspan="6">
建设单位签收

建设单位代表（签字）：
_____ 年 ___ 月 ___ 日
</td></tr>
</table>

竣工移交证书

工程名称：_____   编号：_____

致：_____（建设单位）
兹证明 _____（施工单位）已按承包合同的要求完成，并验收合格，即日起该工程移交建设单位管理。

附件：
　　　　单位工程验收记录

<table>
<tr><td>项目经理（签字）

_____年____月____日</td><td>施工单位（章）

_____年____月____日</td></tr>
<tr><td>总监理工程师（签字）

_____年____月____日</td><td>监理单位（章）

_____年____月____日</td></tr>
<tr><td>建设单位代表（签字）

_____年____月____日</td><td>建设单位（章）

_____年____月____日</td></tr>
<tr><td>分部分项工程名称</td><td colspan="1">当前形象进度</td><td>施工情况简述</td></tr>
</table>

注：本表一式四份，城建档案馆、建设单位、项目监理机构、施工单位各存一份。

BF.0.7

监理日志

工程名称：＿＿＿＿＿＿＿　　　　　＿＿＿年＿＿月＿＿日　星期＿＿　气温＿＿

机械、设备、材料进场及见证取样情况		
监理工工作情况： 1.当日监理工作综述； 2.发现的质量问题及处理情况； 3.安全文明施工情况		
环保（扬尘）施工情况		
工程大事记		
其他		
填表人：	审核人：	

安全监理日志

项目名称：_____   编号：_____

日期	年　月　日	天气情况	天气：_____。风力：_____级。 最高温度：____℃。最低温度：____℃

施工现场安全生产状况：包括现场安全状况、安全管理人员到岗、安全技术交底等情况

安全生产管理的监理工作情况：包括审查核验、巡视检查等情况

发现安全隐患或问题处理情况：包括签发监理通知单或工程暂停令情况

记录人		总监理工程师	

注：本表一式一份，项目监理机构留存。

BF.0.9

见证取样和见证送检记录

编号：_____

工程名称：	
工程部位：	
样品名称：	
取样数量：	
取样地点：	
见证取样记录	见证送检记录
取样人：	送样人：
取样见证人：	见证人：
取样日期：_____年___月___日	送样日期：_____年___月___日
说明：1.此表由见证人分别在见证取样和送样后及时填写，并由承（送）样人、见证人签字，存入该工程建设施（监理）管理档案。 　　　2.本表主要记录确保该组（次）承样的代表性、真实性，已采取的措施和确保该组（次）送样的真实性，已采取的措施	
施工单位：	
监理单位：	

BF.0.10

实体检验见证记录

编号：_____

工程名称			
施工单位			
检验单位			
实体检验项目		依据标准	
实体检验方法			
检验部位		检验时间	
实体检验过程见证记录			
施工单位质检人员	签字	检测单位检验人员	签字
	日期		日期
见证人		见证印章	

BF.0.11

平行检验记录

工程名称		检查地点	
检查时间		检查方法	
检查部位		检查人员	

检查依据：

检查记录：

检查结论：
经检查□是/□否符合设计和验收规范要求

处理记录：

说明：项目监理机构根据工程监理规划及细则，对工程关键控制点及隐蔽工程进行检查时填写此表。

BF.0.12

材料、设备、构配件进场报验台账

工程名称：_____ _____年___月___日 第___页 共___页

序号	报验表编号	材料、构配件、设备名称	使用部位	数量	单位	规格型号	生产厂家	报验日期	监理验收人	验收日期	备注

记录： 审核： 归档：

BF.0.13

见证取样送检台账

工程名称：_____　　　_____年___月___日　第___页　共___页

序号	见证取样编号	样品名称	规格型号	见证人	见证日期	检验结果	备注

记录：　　　　　　　　　　审核：　　　　　　　　　归档：

BF.0.14

实体检验见证台账

工程名称：_____ _____年___月___日　第___页　共___页

序号	实验内容	代表部位	代表数量	试验人	试验日期	试验结论	报告编号	见证人	备注

记录：　　　　　　　　　审核：　　　　　　　　　归档：

BF.0.15

抽检项目台账

工程名称：_____ _____年___月___日 第___页 共___页

序号	抽检项目单编号	抽检项目及内容	抽检人	抽检日期	抽检结果	备注

记录：　　　　　　　　　审核：　　　　　　　　　归档：

BF.0.16

平行检验台账

工程名称：_____ _____年____月____日 第____页 共____页

序号	平行检验单编号	平行检验项目及内容	抽检人	检验日期	检验结果	备注

记录：   审核：   归档：

BF.0.17

不合格项（质量/安全）处理台账

工程名称：_____　　　_____年___月___日　第___页　共___页

序号	不合格项	责任单位	检查日期	监理措施	整改限期	施工单位责任人	监理复查情况		
							复查日期	复查人	复查结果

记录：　　　　　　　　　　　审核：　　　　　　　　　　归档：

BF.0.18

工程款计量支付台账

工程名称：＿＿＿＿＿＿＿＿＿＿＿＿＿＿＿＿

申报单位：＿＿＿＿＿＿＿＿＿＿＿＿　　＿＿＿年＿＿月＿＿日　　第＿＿页　共＿＿页

序号	申报表编号	申报工程量	监理核定工程量	施工单位申报工程款	监理审核工程款	监理审核日期	建设单位审批工程款	已付工程款累计	合同工程款余额

记录：　　　　　　　　　　审核：　　　　　　　　　　归档：

BF.0.19

工程变更台账

工程名称：_____ _____年___月___日 第___页 共___页

序号	变更单编号	变更日期	图纸编号	变更原因	变更部位及内容	实施单位	监理签认人

记录： 审核： 归档：

BF.0.20

分包单位资格报审台账

工程名称：_____　　_____年___月___日　第___页　共___页

序号	报审表编号	分包单位名称	分包范围、内容	报审日期	专监审查		总监理工程师审核		审核结论	备注
					专监	审核日期	总监理工程师	审核日期		

记录：　　　　　　　　　审核：　　　　　　　　　归档：

BF.0.21

施工机械设备管理台账

序号	机械设备名称	使用部位	数量	单位	规格型号	生产厂家	报验单位	报验日期	监理验收人	验收日期	退场日期

记录：　　　　　　　　　　　　　审核：　　　　　　　　　　　　归档：

第11章　监理文件资料整理与归档

BF.0.22

工程技术文件报审台账

工程名称：_____   _____年___月___日   第___页 共___页

序号	技术文件名称	报审单位	报审日期	专监审查		总监理工程师审核		审核结论	备注
				专监	审核日期	总监理工程师	审核日期		

记录：   审核：   归档：